Abbé Warré

La Apicultura
Para Todos

La Apicultura
Fácil y Productiva

———————

Doceava Edición
Reproducción

Reproducción: Versión 4.01

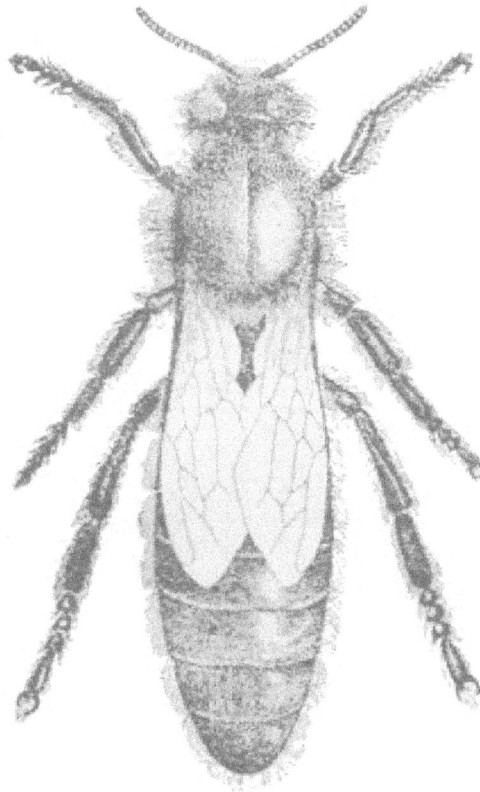

Northern Bee Books

Published in the United Kingdom by

Northern Bee Books,

Scout Bottom Farm,

Mytholmroyd,

West Yorkshire HX7 5JS

Tel: 01422 882751

Fax: 01422 886157

www.northernbeebooks.co.uk

ISBN 978-1-912271-66-5

Published October 2020

Abbé Warré

La Apicultura
Para Todos

La Apicultura
Fácil y Productiva

Doceava Edición
Reproducción

Reproducción: Versión 4.01

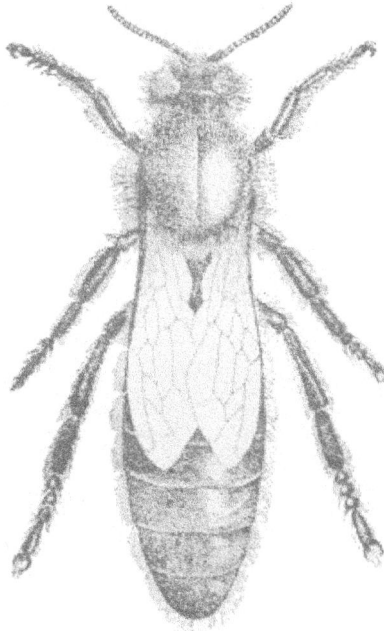

Abbé Warré

La Apicultura
Para Todos

———

Así el viajero que, en su breve pasaje,
Descansa un momento al abrigo del valle,
En el árbol hospitalario, cuya sombra disfruta,
Antes de partir, le gusta grabar su nombre.

Lamartine

Antes de partir yo quiero, queridas abejas, grabar mi nombre en estas páginas, arbusto bendito que ha tomado toda su savia de los alrededores de vuestras moradas.

A su sombra, he reposado de mis fatigas, he curado mis heridas. Su horizonte es suficiente para mis deseos, porque allí veo los cielos.

Su soledad es más suave que profunda. Tus amigos lo están visitando. Los animas con tus canciones.

Y como ustedes no morirán, queridas abejas, cantarán una y otra vez, para siempre, en el follaje de alrededor, donde descansará mi espíritu.

Gracias.

E. Warré

INDICE

1

Introducción

SOBRE EL AUTOR

El Abad Eloi François Émile Warré nació el 9 de marzo de 1867 en Grébault-Mesnil, en la región de Picardía, departamento de Somme, al norte de Francia. Fue ordenado sacerdote el 19 de setiembre de 1891, en la diócesis de Amiens. Ofició de párroco en Mérélessart (Somme) en 1897, luego en Martainneville (Somme) en 1904. Desapareció de los registros en 1916, para reaparecer en Saint-Symphorien (Indre-et-Loire) para dedicarse exclusivamente a la apicultura. Falleció en Tours el 20 de abril de 1951. El Abad Warré desarrolló este libro basado en sus estudios de 350 colmenas de diferentes sistemas que existían en su tiempo, así como los hábitats de las abejas.

Para compartir sus descubrimientos, escribió varios libros:

"La santé ou les Meilleurs traitements de toutes les maladies" (La salud y los mejores tratamientos de todas las enfermedades).

"Le Miel, ses propiétés et ses usages" (La miel, sus propiedades y usos).

"La Santé, manuel-guide des malades et des bien-portants" (La salud, manual de la enfermedad y el bienestar).

Y por lejos el más importante:
"L 'Apiculture pour Tous" (Apicultura para Todos) cuya doceava y última edición fue impresa en 1948.

A LOS LECTORES

¿No sabes nada sobre abejas y apicultura, y te interesa el tema? Este libro es para tí.

¿Eres apicultor y no estás obteniendo los logros y beneficios que desearías? Este libro te aportará nuevos puntos de vista e ideas para lograr la crianza de abejas en forma más exitosa.

Alguien dijo: "No necesitas leer muchos libros sobre apicultura, pero sí necesitas leer los buenos, y éste es uno de los mejores".

Es un texto escrito hace casi 100 años. Tuvo un relativo éxito inicial con 12 ediciones en el transcurso de 20 años. Pero la mayoría de los apicultores en todo el mundo optó por la forma de apicultura industrial moderna, que permitió obtener cosechas y ganancias cuantiosas durante años. Se trabajó con diseños de colmena muy enfocados a facilitarle los manejos al apicultor, a incrementar los rendimientos de miel por colmena, pero que le dan la espalda a la forma natural en la que se desarrollaron las abejas durante millones de años.

Todos sabemos que actualmente los ecosistemas del planeta están muy comprometidos. Estamos padeciendo una intensa extinción global de especies. Las abejas, que han sido declaradas el ser vivo más importante para la humanidad, están desapareciendo y en peligro de alcanzar su extinción, lo que sería catastrófico para nuestra civilización, que depende de ellas para su alimentación.

Esta situación límite se ha alcanzado por múltiples razones, de las que podríamos mencionar algunas: el calentamiento global, la deforestación, la pérdida de hábitats, la aplicación indiscriminada de pesticidas.

Pero para las abejas es fundamental también el diseño y cuidado de sus "casas", de forma que sean lo más amigables y cómodas posibles para su desarrollo y sobrevivencia.

Este libro trata de forma muy simple y didáctica los fundamentos básicos para conocer a las abejas y obtener un beneficio mutuo, de ellas y de quien trabaja con ellas. Se comunica el diseño y metodología de una forma de hacer apicultura en forma simple, económica, natural y que, a su vez, aporta ganancias. A partir de su lectura atenta cualquier persona interesada puede fácilmente construir, poblar y manejar exitosamente colmenas de diseño Warré.

Si a partir del estudio y comprensión de los conceptos expresados en este libro, varios lectores se animan a practicar esta forma de apicultura amigable y sostenible, utilizando colmenas Warré u otras de concepto similar, entonces este esfuerzo de difusión entre las personas de habla hispana no habrá sido en vano.

Álvaro Ferrés
Agosto 2019

2

La Utilidad de la Apicultura

La apicultura es el arte del manejo de las abejas con la intención de obtener el máximo rédito de este trabajo con el mínimo de gastos.

Las abejas producen enjambres, reinas, cera y miel.

La producción de enjambres y reinas deberían ser dejadas para los especialistas.

La producción de cera es de cierta importancia, pero disminuida por los costos de su purificación.

La producción de miel es el objetivo fundamental de la apicultura, del que se ocupa principalmente el apicultor, porque este producto es valioso y puede ser pesado y cotizado.

La miel es un excelente alimento, un buen medicamento, el mejor de los azúcares. Trataremos este punto con más detalle. La miel se puede comercializar o consumir de varias formas: natural, en confitería, tortas y pasteles, en bebidas sabrosas y saludables – hidromiel, sidras sin manzanas, vinos sin uvas.

Vale la pena notar que la apicultura es una actividad fascinante y en consecuencia descansa tanto la mente como el cuerpo.

También es una actividad moral porque mantiene al apicultor apartado de sitios que promueven el vicio, propiciando al apicultor un ejemplo de trabajo, orden y devoción a la causa común.

Además, es una actividad saludable y beneficiosa, dado que se realiza mayormente al aire libre, en tiempo seco y soleado. Porque la luz del sol es la enemiga de las enfermedades así como un medio de vitalidad y vigor. Dr Paul Carton escribió: "Lo que se necesita para educar una generación en no consumir alcohol ni carne displicente ni azúcar no confiable, es el gozo y el gran beneficio del movimiento".

Porque el ser humano es un ser complejo. El cuerpo necesita ejercicio, sin el cual se atrofia. La mente necesita ejercicio también, de otra forma se deteriora. Los intelectuales se deterioran físicamente. Los trabajadores manuales, al lado de sus máquinas, sufren un deterioro intelectual.

El trabajo en el campo es el más adecuado a las necesidades de los seres humanos. Tanto la mente como el cuerpo tienen parte.

Pero la sociedad necesita sus pensadores, sus trabajadores de oficina y sus operarios de máquina. Obviamente esta gente no puede atender granjas al mismo tiempo. Pero en su tiempo libre (deberían tener) ellos pueden ser jardineros y apicultores y al mismo tiempo satisfacer sus necesidades humanas.

Este trabajo es mejor que cualquier deporte moderno, con sus excesos, promiscuidad y desnudez.

Si los franceses volvieran a trabajar la tierra, ellos serían más robustos, más inteligentes. Y como el sabio Engerand dijo, Francia volvería a ser la tierra del equilibrio donde no habría ni agitaciones, ni las locuras colectivas que son tan perjudiciales para la gente; volvería a ser una tierra de respeto y claridad, de razón y sabiduría, una nación donde es lindo vivir.

Y no olvidemos el consejo de Edmond About: "El único capital eterno, duradero e inextinguible es la tierra".

Finalmente, lo más importante: las abejas polinizan las flores de los árboles frutales. Por lo tanto la apicultura contribuye en buena forma a llenar nuestras canastas de frutas. Esta razón por sí sola debería ser suficiente para convencer a todos aquellos que tengan el más pequeño rincón de huerta a comenzar la apicultura.

De acuerdo a Darwin, la auto-polinización de las flores no es la regla general. La polinización cruzada, que tiene lugar más comúnmente, es necesaria debido a la separación de sexos en las flores, y hasta en dos plantas diferentes; o debido a que la maduración del polen y el estigma no coinciden en el tiempo, o debido a estructuras morfológicas que impiden la auto-polinización en una flor. Sucede a menudo que, si un agente externo no interviene, nuestras plantas no dan fruta o sus rendimientos son muy inferiores; muchos experimentos demuestran lo anterior.

Como Hommell lo expresó tan claramente: la abeja, atraída por el néctar segregado en la base de los pétalos, penetra hasta el fondo de la envoltura floral para libar los jugos segregados por sus nectarios, y queda cubierta con el polvo fecundante que los estambres dejan caer sobre ella. Cuando termina con la primera flor, una segunda se presenta para una nueva cosecha de la incansable obrera; el polen que ella porta cae sobre el estigma y la fecundación, que sin ella quedaría dependiendo de los vientos, tiene lugar de una forma garantizada. De esa forma la abeja, continuando su trabajo sin descanso, visita miles de corolas y justifica el nombre poético que Michelet le asignó: la pontífice alada del matrimonio de las flores.

Hommel incluso intentó hacer números sobre el beneficio resultante de la presencia de las abejas. Una colonia en promedio, dijo él, puede considerarse que tiene solo 10.000 obreras pecoreadoras. Una gran colonia en una colmena fuerte a menudo llega a 80.000. Suponiendo que 10.000 pecoreadoras viajan cuatro veces en un día, entonces en 100 días realizan cuatro millones de salidas. Si cada abeja antes de retornar a su hogar entra en veinticinco flores, entonces las abejas de esa colmena habrán visitado 100 millones de flores en el curso de un año. No es exagerado suponer que, de cada diez flores visitadas, una es fecundada por la acción de las pecoreadoras, y que la ganancia resultante podría de ser de un centavo cada 1.000 fecundaciones. A pesar de estos supuestos mínimos, es evidente que habría un beneficio de 100 francos al año, debido a la presencia de solo una colmena. Esta conclusión matemática es irrefutable.

Algunos productores de fruta, sobre todo los viticultores, se manifiestan en contra de las abejas porque éstas beben los jugos dulces de las frutas y las uvas. Pero si investigamos a las abejas con más detalle, pronto notamos que ellas ignoran a las frutas intactas, y que visitan sólo aquellas con cáscaras que ya han sido agujereadas por pájaros, o por las fuertes mandíbulas de ciertas avispas. La abeja solamente absorbe el jugo, que sin ella, se evaporaría y desperdiciaría. Para las abejas es completamente imposible cometer el robo del que son acusadas, porque las partes masticadoras de su aparato bucal no son suficientemente fuertes para perforar la cáscara que protege la pulpa de la fruta.

3

Los Beneficios de la Apicultura

Compadezco a quienes sólo se dedican a la apicultura por ganar dinero, pues se privan de placeres muy dulces.

Sin embargo, es cierto que se necesita dinero para vivir: el dinero les es útil a quienes gustan de sembrar la felicidad a su alrededor.

Por lo tanto, es necesario considerar qué podemos obtener de la apicultura.

Ahora bien, la lectura de algunos libros y revistas puede inducir a error en este punto.

LAS MENTIRAS

Para alentar el regreso a la tierra o para decepcionar a los que vuelven, grupos de apicultores o gente antifrancesa escribe cosas increíbles en los periódicos. A veces también apicultores egoístas muestran resultados más bajos para no crear competidores.

Así, un conocido apicultor afirma que una cosecha de 10 kg es un máximo raro. En el otro extremo, un catedrático dice que las cosechas de miel deberían elevarse hasta un promedio de 100 kg por colmena mediante la adopción de métodos racionales.

Un doctor en apicultura dice que en América una colmena puede dar una cosecha promedio anual de 190 kg de miel, por lo que nos corresponde a nosotros hacer mucho más. Sin duda, dando a cada colmena 200 kg de azúcar. Pero en un caso así, ¿No intervendrán las autoridades antifraude?

LA VERDAD

Ninguna colmena, ningún método, convierte las piedras en miel. Ni tampoco dota al apicultor de mayor inteligencia, ni aumenta la fertilidad de la reina, ni mejora la temperatura. Por lo tanto, la producción de una colmena variará de una región a otra, de una colmena a otra, de un año al siguiente, igual que varía la riqueza en néctar de la región, la fecundidad de la reina, la temperatura o la habilidad del apicultor.

Cuando vivía en el Somme, producía una cosecha promedio de 25 kg por colmena. En una región con mayor flujo de néctar se puede cosechar más. Aquí, en Saint-Symphorien, en una zona pobre en néctar apenas consigo una cosecha promedio de 15 kg.

Precisemos. En 1940 tuve unas colmenas que me habían costado 300 francos cada una. Obtuve una cosecha de 15 kg de miel de cada una. En cuanto al precio de la miel, ese año se fijó en 18 francos al por mayor y 22 francos al por menor. Por otro lado, cada colmena solo me había llevado una hora y media de trabajo en el curso del año.

Esto muestra cómo se paga la mano de obra y el capital en la apicultura, incluso en una región poco productiva.

4

La Apicultura es una Buena Escuela

Coppée afirmó que la felicidad se encuentra en dar. La buena fortuna es adquirida por las almas de elite. La buena fortuna no es siempre posible, pero podemos encontrar una fortuna considerable en la naturaleza.

La flor es aquella belleza que se rejuvenece sin parar. El perro es la fidelidad ilimitada, aún en la desgracia, el reconocimiento sin olvido. La abeja es una maestra y un educadora llena de encanto. Ella nos da un ejemplo de una vida razonable y sabia, que consuela de sus dificultades.

La abeja se contenta con el alimento que le proporciona la naturaleza en lo alrededores de la colmena, sin sacarle nada ni agregarle nada. No hay comidas rápidas, ni frutas y verduras tempranas importadas.

La abeja, aún bien provista como está, no consume más de lo absolutamente necesario. La glotonería no existe.

La abeja hace uso de su terrible aguijón y encuentra la muerte para defender su familia y sus provisiones. En otra situación, aún cuando está trabajando en el campo, ella le deja lugar pacíficamente a las personas y a los animales, sin recriminaciones ni luchas. Ella es una pacifista sin debilidad.

Cada abeja tiene una tarea acorde a su edad y habilidades. Ella la realiza sin envidia, rebeldía o enojo. Para la abeja no existe trabajo humillante. La reina pone huevos incansablemente, así asegurando la perpetuación de la raza. Las obreras distribuyen con amor sus tareas entre atender las larvas, esperanzas del futuro de la colonia, y los campos fragantes donde el néctar es cosechado desde el alba hasta el crepúsculo. No hay lugar en una colonia zumbante para el inútil. No hay parlamentarios; porque esta población serena no tiene gusto por nuevas leyes ni el ocio en discursos vacíos. Nosotros llamamos reina a la abeja ponedora. Esto es incorrecto. No hay ni rey ni reina ni dictador en la colmena. Nadie está a cargo, pero todas trabajan para el interés común. No hay egoísmo.

La abeja cumple con la ley que es saludable como imperativa, una ley a menudo pasada por alto por los humanos: "ganarás el pan con el sudor de tu frente". Y yo observo que el sudor de la abeja, además de desinfectar su cuerpo, es útil para ella de otra manera. Su sudor, transformándose en escamas de cera, provee a la abeja con los materiales que ella utiliza para fabricar sus notables celdillas, un ático limpio para sus provisiones, dulce cuna para su descendencia. Es tan cierto que el cumplimiento de las leyes naturales es siempre recompensado.

Y las abejas trabajan día y noche sin respiro. Ellas solo toman un descanso cuando no hay trabajo para hacer. Ni siquiera hay descanso los fines de semana. En la casa de las abejas no existen rentistas ni jubiladas.

Y aquí está la canción sobre las abejas que Théodore Botrel cantó:

> *Dije un día a la abeja*
> *que ahora descanse un poco*
> *Que se esfuerce para ser como*
> *esta hermosa mariposa azul.*

DU TRAVAIL! ET ENCORE DU TRAVAIL!

Henry Bordeaux dijo:

"Lo que más admiro en la colonia de abejas es el olvido de ella misma; se entrega por completo a una obra de la que no disfrutará - alegría en el esfuerzo y dando de sí misma".

Y para mí las abejas son lo que los pájaros fueran para André Theuret.

Cuando yo escucho a las abejas zumbando en el follaje, yo sueño con dulce emoción que ellas están cantando de la misma manera que aquellas que yo solía escuchar en mi niñez, en el jardín de mis padres.

Las abejas son tan buenas que su semblante parece siempre el mismo. Los años pasan, envejecemos, vemos a nuestros amigos desaparecer, cambios revolucionarios tienen lugar, las ilusiones caen una tras otra, y aún así, entre las flores, las abejas que hemos conocido desde nuestra infancia modulan las mismas frases musicales, con la misma voz fresca. El tiempo parece no haber pasado para ellas, y, mientras ellas se esconden para morir, como nosotros nunca las ayudamos en su agonía, podemos imaginar que siempre tenemos ante nuestros ojos aquellas que encantaron nuestra primera infancia, aquellas que durante nuestra larga existencia nos han procurado las horas más felices y las amistades más raras.

Como dijo un amante de la naturaleza:

"Dichoso aquel que, descansando en el pasto durante una tarde cerca del apiario, en compañía de su perro, oye la canción de las abejas mezclándose con el cri-cri de los grillos, con el sonido del viento en los árboles, las estrellas titilando y la marcha lenta de las nubes!"

5

La Abeja

EL LUGAR DE LA ABEJA EN LA NATURALEZA

Los animales, que se distinguen de las plantas porque están dotados de movimiento, se dividen en dos grandes categorías: vertebrados e invertebrados.

El grupo de los vertebrados se caracteriza por tener una columna vertebral, e incluye a los peces, los anfibios, los reptiles, las aves y los mamíferos; no es el grupo que nos interesa aquí.

Los invertebrados, que no tienen espina dorsal, incluyen varias ramas: protozoos (infusorios), espongiaros (esponjas), celentéreos (medusas, corales), equinodermos (estrellas de mar), gusanos (sanguijuelas, lombrices), vermídeos, moluscos (ostras, babosas, pulpos), artrópodos y finalmente los cordados que, por su espina dorsal, establecen la transición entre invertebrados y vertebrados. Estos son los artrópodos que nos interesan.

A los artrópodos (del griego "arthron", articulación y "ports, podos", pie) también se los conoce como articulados. Sus cuerpos tienen tres regiones distintas: la cabeza, el tórax y el abdomen, y están provistos de apéndices: en la cabeza, las antenas y los órganos masticatorios; en el tórax, las extremidades ambulatorias.

Los artrópodos se dividen en varias clases: crustáceos (langostas, cangrejos), arácnidos (arañas), miriápodos (ciempiés), insectos o hexápodos

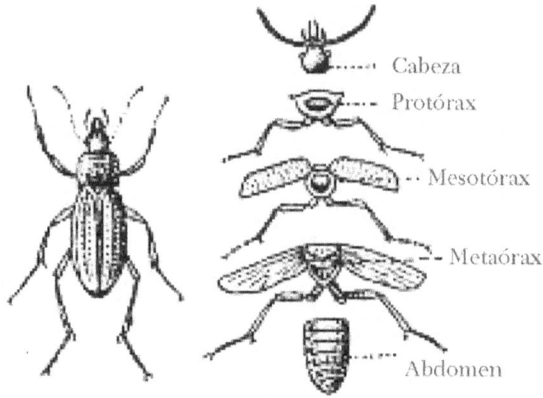

- - - - Cabeza
- - - Protórax
- - Mesotórax
- - Metaórax
- - - - Abdomen

Un insecto

Los insectos (del latín "in", en, "secare", corte) o hexápodos (del griego: "hex", seis y "ports, podos", pie), se caracterizan porque siempre tienen seis miembros en total. La respiración de los insectos es aérea.

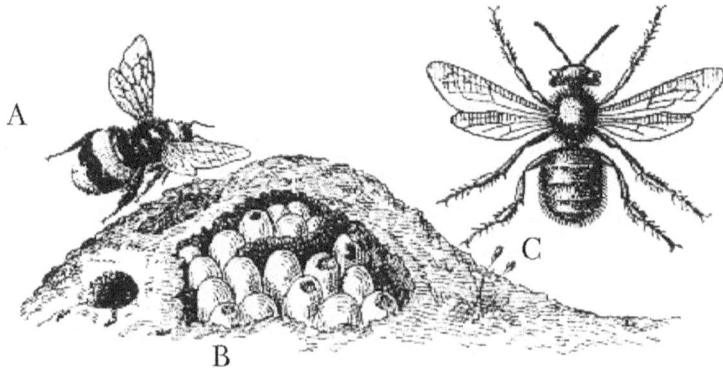

A: Abejorro, B: Nido de abejorro, C: Osmia

Sus cabezas tienen dos ojos compuestos. El tórax se divide en tres partes: el protórax, con un par de patas; el mesotórax, que con un par de patas y un par de alas; y el metatórax, con un par de patas y algunas veces un par de alas. Los insectos siempre tienen sexos separados. La larva, al salir del huevo, sufre una metamorfosis hasta tomar la forma que tienen sus padres. Por su inteligencia y su organización, los insectos son superiores a otros invertebrados. Las seiscientas mil especies de insectos conocidas se distribuyen en ocho órdenes: ortópteros (saltamontes), neurópteros (hormigas león), arquípteros (libélulas), hemípteros (chinches), dípteros (pulgas), lepidópteros (mariposas), coleópteros (escarabajos) e himenópteros.

De arriba a abajo:
Una madre. Una obrera. Un macho.

Los himenópteros (del griego: "humen", membrana y "pterón", ala) se caracterizan por tener cuatro alas membranosas. Forman la clase de insectos más altamente organizados desde el punto de vista de la inteligencia, tanto que sus manifestaciones confunden las nuestras. Y sin embargo, desconocemos aún mucho sobre ellos, ya que las veinticinco mil especies conocidas nos permiten entrever la existencia de una cantidad total cercana a las doscientas cincuenta mil especies.

Los himenópteros comprenden dos grupos: los sínfitos o moscas portasierra, y los himenópteros con aguijón.

Los sínfitos tienen una sierra abdominal que usan para aserrar o perforar plantas. En este grupo están clasificados el Cephus, cuya larva se encuentra en la paja que soporta la espiga del trigo, y el Lydia piri, cuyas larvas tejen una especie de red de seda sobre las hojas del peral.

Los himenópteros con aguijón tienen un aguijón en el extremo del abdomen. Algunos son parásitos que destruyen insectos dañinos, o cazadores como la avispa vulgar o el avispón cuyas larvas necesitan ingerir insectos o carne, o el lobo de las abejas (Philanthus triangulum) que buscan en la tierra las larvas de las que se alimentan y que también devoran muchas abejas.

Los otros son formícidos u hormigas, los insectos mejor dotados desde el punto de vista de la inteligencia después de las abejas; y finalmente los ápidos.

Los ápidos son las abejas. Son himenópteros que alimentan a sus larvas con miel. Existen alrededor de 1.500 especies. Algunos viven en solitario, como las osmias, en agujeros en las paredes o cavidades en la madera vieja. Otros se organizan en colonias, como los abejorros, los meliponinos y la abeja común o apis mellifera.

Los abejorros (del latín "burdo", mulo), son de tamaño grande, muy peludos y viven solo en pequeños grupos que anidan debajo de la tierra.

Los meliponinos son pequeñas abejas sin aguijón que viven en colonias muy grandes en las que hay varias reinas, pero solo se encuentran en países tropicales.

La abeja común o apis mellifera es de la que nos ocuparemos aquí con mayor detalle.

COMPOSICIÓN DE LA FAMILIA DE LAS ABEJAS

Las familias que forman las abejas se llaman colonias. Cada colonia incluye tres tipos de individuos:

Una única hembra, completamente desarrollada y capaz de poner suficientes huevos para garantizar el mantenimiento y crecimiento de la familia. Es la madre, mal llamada "reina".

Obreras, hembras atrofiadas, incompletamente desarrolladas, en un número considerable, cien mil e incluso más.

Machos, que normalmente solo aparecen durante la temporada de enjambres y que desaparecen tan pronto como cesa el flujo de néctar. Su número varía de algunos cientos a algunos miles.

TAMAÑOS COMPARATIVOS

La madre, las obreras y los machos tienen diferente tamaño. La tabla a continuación muestra aproximadamente los distintos tamaños (en milímetros):

	Longueur	Largeur des ailes ouvertes	Diamètre du corselet
Mère	16	24	4,0
Ouvrières	12	23	3,5
Mâles	15	28	4,5

DESARROLLO COMPARATIVO

Los distintos habitantes de la colmena se desarrollan de diferentes maneras.

La reina permanece en forma de huevo durante tres días, como larva durante cinco días más y posteriormente como ninfa (en una celdilla operculada) durante ocho días. El nacimiento de la reina adulta tiene lugar el decimosexto día. Alrededor del séptimo día después de su nacimiento es fertilizada y comienza a poner huevos dos días después, entre veinticinco y treinta días después de la colocación del huevo que le dio origen.

La obrera pasa en forma de huevo tres días, es larva durante cinco días y ninfa (en celdilla operculada) trece días. El nacimiento tiene lugar al vigésimo primer día. Una vez en su forma adulta, se queda en la colmena, como nodriza o cerera, unos quince días. Comienza a pecorear entre treinta y treinta y seis días después de la puesta del huevo.

El macho tiene la forma de un huevo por tres días y de larva durante seis días y medio. El nacimiento tiene lugar el día veinticuatro. Es capaz de reproducirse alrededor del quinto día después

del nacimiento, aproximadamente un mes después de la puesta del
huevo.

N. B. Si se suprime la madre de una colonia, dejando la tarea de reemplazarla a las demás abejas, éstas, para ahorrar tiempo, utilizarán casi siempre larvas de
dos días, para que las jóvenes reinas lleguen a término en el duodécimo día después
de la eliminación de la vieja reina.

6

La Madre

NOMBRE DE LA MADRE

Los autores antiguos enseñaron que las colonias de abejas están gobernadas por reyes. Sabemos hoy que hay en cada colonia una reina, o, mejor dicho, una madre, porque, de hecho, esta reina no es más que una hembra completa, fecundada, capaz de asegurar con su postura el futuro de la colonia. El gran jefe en la colonia de abejas es el interés general. Sin embargo, nosotros, de acuerdo con la costumbre, a la madre de la colonia la llamaremos "reina".

NÚMERO DE REINAS

En general, solo hay una reina en la colonia. Sin embargo, muchas veces se han visto dos reinas en una colonia. Hasta hay apicultores que afirman haber visto tres. Estas excepciones pueden ocurrir en muchos casos.

Una madre de muchos años puede no tener ya la energía para matar a una reina nueva al nacer, como había actuado por instinto en su juventud.

Podría ser que el apicultor haya introducido varias reinas al mismo tiempo en una colonia que se consideraba huérfana. Las reinas fueron separadas por las obreras, empujadas en diferentes direcciones. Se formaron, entonces, grupos diferentes dentro de la colonia; cada grupo con todos los elementos necesarios de una colonia. Este estado termina cuando los grupos se aproximan demasiado entre sí, ya sea por su desarrollo en superficie de panal, o por la llegada de los fríos.

El desorden provocado por la salida de varios enjambres secundarios favorece la presencia simultánea de varias reinas vírgenes eclosionadas al mismo tiempo.

Antipatía entre reinas

Cuando dos reinas se encuentran, se precipitan una sobre otra. La más fuerte, o la más hábil, aguijonea a la otra en el abdomen. Como consecuencia, la más débil encuentra la muerte.

A veces sucede que se lastiman las dos entre sí, como ocurre con dos duelistas, y ambas mueren.

Esta antipatía existe entre todas las reinas, sean éstas fecundadas, vírgenes o incluso aún dentro de su celda.

Cuando las abejas crían reinas por alguna razón, construyen varias celdas reales, entre diez y quince. La reina que surge primero de su celda se apresura a aguijonear a todas sus hermanas por nacer, a través de sus celdas. Observo aquí un método de selección severo dado a las abejas por la naturaleza: solo una reina permanece, de las diez o quince. Pero esta reina es la primera en lograr romper la tapa de su celda: es la más vigorosa.

Desaparición de la reina

Durante la visita a las colmenas, a menudo se encuentra una bola de abejas apretadas. Si se apartan dichas obreras por la fuerza, o utilizando humo abundante, se encontrará una reina en el interior. Decimos que dicha reina ha sido "peloteada". Dicho "abrazo" de obreras a su reina puede ser causado por gozo o por antipatía.

Cuando el apicultor ha mantenido demasiado tiempo a la reina fuera de su colmena, o cuando se quiere liberar una reina de su caja de introducción en un momento inoportuno, cuando hay pillaje o algún peligro para la reina, las abejas, en medio de su excitación, se disponen alrededor de la reina tan pronto como pueden. Entonces la abrazan, la sacuden y la ahogan.

Otras veces, este apretado abrazo es debido a la antipatía que sienten las obreras por dicha reina; entonces la reina es atacada con varios aguijonazos y muere pronto.

Lo anterior se realiza con las reinas viejas e infértiles, poco tiempo antes de que eclosione la reina virgen que las reemplazará. También puede deberse a que la reina estuvo tiempo en manos del apicultor, y al introducirse, las obreras no reconocen su olor. Puede suceder también que una reina joven regrese de su vuelo nupcial e ingrese en la colmena equivocada.

CONSECUENCIAS DE LA DESAPARICIÓN DE LA REINA

Una colonia a la que le falta la reina, es denominada "huérfana". Si la reina desaparecida no es sustituída por el apicultor o por las abejas, la población de la colonia disminuye rápidamente hasta que desaparece.

IMPORTANCIA DE LA REINA

Su presencia es absolutamente necesaria, ya que sólo ella es capaz de poner los huevos que garanticen la perpetuidad de la colonia.

Como consecuencia, la naturaleza ha dado todos los pasos necesarios para mantenerla con vida. El apareamiento de la reina ocurre mientras vuela, en el aire. Es un acto riesgoso para un insecto tan frágil como es una abeja reina. Por eso, ocurre una vez sola. La reina se encuentra con el macho solamente una vez en su vida. Y nunca más dejará sus panales, excepto cuando acompaña un enjambre en busca de un nuevo hogar.

DURACIÓN DE LA VIDA DE LA REINA

La vida de la reina dura de cuatro a cinco años. Vive cincuenta veces más tiempo que una obrera nacida al comienzo de la mielada. Al igual que la gallina, su máxima postura ocurre en el segundo año de vida.

EDAD DE LA REINA

Resulta bastante fácil distinguir las reinas viejas de las

jóvenes. Las reinas jóvenes de uno o dos años tienen el abdomen más voluminoso al estar hinchado por huevos, sus alas están intactas; su cuerpo y cabeza están cubiertos de pelo. Se mueven con agilidad. En cambio, las reinas viejas, de tres o más años, se muestran sin pelo, con las alas algo rotas, y su marcha es lenta.

Autoridad de la reina

Es un error creer que la reina dirige la construcción de los panales y distribuye el trabajo a las obreras. La función de la reina es simplemente el poner huevos.

Pero su presencia es indispensable para la actividad de la colonia. Dada su importancia, en caso de que una colonia quede huérfana las obreras inmediatamente se inquietan, se comunican y buscan la reina por todos los rincones. Se las ve trabajando menos y de mal talante. La situación se agrava aún más si en la colmena no hay crías jóvenes de las que podría surgir una nueva reina.

En una colonia que está padeciendo hambre, es la reina la que sobrevive más tiempo, obviamente porque es más fuerte y más resistente, pero también porque las obreras le reservan las últimas gotas de miel.

Imperfecciones de la reina

La reina no posee ni los órganos secretores de cera, ni los aparatos para recolección de néctar y polen. Ni siquiera es capaz de alimentarse por sí sola; si fuera encerrada en una caja con miel a su disposición, se moriría de hambre.

Dentro de la colmena parecería que ocurre lo mismo. Mientras la reina está poniendo, es alimentada por las obreras con una papilla elaborada a partir de una primera digestión de miel y polen. En caso de no estar en postura, es alimentada con miel pura. Sin embargo, de acuerdo a los estudios del Dr. Miller, no es la obrera quien coloca el alimento en boca de su madre, porque su descarga sólo es posible con la lengua echada hacia atrás. Por lo contrario, es la reina quien introduce su lengua en la boca de la obrera para tomar el alimento ya preparado para ella.

Temperamento de la reina

La reina es extremadamente tímida y temerosa. Se asusta

con el menor ruido inusual. A menudo se esconde en los recovecos de la colmena donde es difícil de ver. No utiliza su aguijón, excepto contra otras reinas jóvenes.

ASPECTO DE LA REINA

La apariencia de la reina permite que sea fácil de encontrar. Es más grande, y además, más larga que una obrera. Su abdomen, de tono más claro, sobresale holgadamente a sus alas. Su forma de caminar es majestuosa. También se distingue claramente de los zánganos por su cuerpo más esbelto. Los machos tienen la punta del abdomen más redondeada y más cubierta de pelo, y las alas más largas que el abdomen.

MANERA DE ENCONTRAR A LA REINA

En la Colmena del Pueblo tenemos una forma mecánica y eficiente de encontrar a la reina utilizando la rejilla excluidora, sin peligro para ella, y sin la necesidad de mayores conocimientos por parte del apicultor.

En las colmenas de cuadros hay otro método para encontrar fácilmente muchas reinas, que siempre se ha utilizado durante la temporada de cría.

Durante la época de postura la reina aparentemente cruza el espacio de cría todos los días, poniendo en todas las celdas libres y agrandando la zona de cría en la medida de las posibilidades. A la medianoche, la reina siempre estará en el medio de la zona de cría. Siempre ocurre que al medodía la reina se encuentra en un extremo: un día a la izquierda, al día siguiente a la derecha. Es importante, para evitar inconvenientes, no perturbar a la reina con movimientos bruscos o humo excesivo; también tener la precaución de colocar a la reina en el mismo lugar en donde se encontraba. Si no se trabaja en la medianoche, cuanto más tiempo diste del mediodía, la reina estará tanto más alejada del extremo de la postura.

CERTEZA DE LA PRESENCIA DE LA REINA

Aún sin ver a la reina, se puede saber que está, por la presencia de larvas, y, mejor aún, de huevos. También indica su presencia, el ingreso de obreras portando polen.

OLOR DE LA REINA

Se dice que la reina tiene un olor penetrante, similar al de la Melissa, que las obreras de la colonia reconocen fácilmente.

42

7

Los Machos

NOMBRE DE LOS MACHOS

A los machos generalmente se les llama zánganos, porque al volar hacen un sonido más fuerte que el de la abeja y del todo diferente. Falsos abejorros (su nombre en francés) los distingue de los abejorros machos del campo.

CARACTERÍSTICAS DE LOS MACHOS

Los machos son más negros. Los extremos de sus cuerpos son más velludos. Las patas carecen de los mecanismos para recolectar polen. No tienen aguijón y exhalan un olor distintivo.

OLOR DE LOS MACHOS

En el momento de enjambrazón, los machos exhalan un fuerte olor, que permite a las jóvenes hembras reconocerlos, mejor que por el ruido que hacen al volar. Este olor permite, además, predecir la salida de los enjambres.

COSTUMBRES DE LOS MACHOS

Los machos son dulces y pacíficos. En la colmena, siempre parecen adormecidos. No salen hasta la mitad del día, y sólo con tiempo bueno y cálido. A veces pasan de una colmena a otra, sin que las abejas se irriten con ellos.

NÚMERO DE MACHOS

En las colonias en buenas condiciones puede haber machos por miles, hasta tres mil.

FUNCIONES DE LOS MACHOS

La función indiscutible de los machos es fertilizar a las hembras jóvenes. Compartimos la opinión de algunos apicultores de que los machos también son útiles para mantener el calor necesario para eclosionar cría en ciertos momentos. Nos ocuparemos de este problema cuando hablemos sobre las formas de reducir su números o eliminarlos.

DURACIÓN DE LA EXISTENCIA DE LOS MACHOS

Los machos, en climas templados, viven solo unos pocos meses. Aparecen al acercarse la mielada y son eliminados asesinados por las obreras tan pronto como se detiene. En colmenas que no tienen reina algunos son retenidos por un tiempo, incluso en invierno.

INDICACIÓN DE LA PRESENCIA DE MACHOS

La presencia de muchos machos durante el flujo de néctar parece indicar que la colonia es fuerte y que dará una cosecha abundante si las circunstancias son favorables. Por el contrario, la presencia de machos fuera de este período indica con certeza que la colonia está en mal estado, que está huérfana de reina, o que su reina está agotada.

8

Las Obreras

FUNCIONES DE LAS OBRERAS

Las obreras realizan las tareas de construcción y mantenimiento en la colmena y los

trabajos de alimentación. Cuidan la crianza de la cría, la guardia de la casa, su limpieza, su ventilación, etc.

No hay forma de distinguir las obreras, salvo por las funciones que realizan, sean estas cuidadoras, proveedoras, enceradoras, etc. Todas las obreras están destinadas a desempeñar todas las tareas útiles para la colonia sin excepción, de acuerdo a las estaciones, el tiempo y las circunstancias. Sólo las obreras jóvenes están exclusivamente ocupadas con las tareas en el interior de la colmena, mientras sus cuerpos no estén suficientemente desarrolladas para soportar la intemperie.

EL TIEMPO DE SALIDA

Se ha dicho que las obreras salen afuera a cualquier hora del día en la primavera, solo en la mañana en verano, y nunca cuando está lloviendo o hace frío.

Es más exacto decir que las obreras salen cuando su ocupación es posible, siempre que tengan la posibilidad de encontrar néctar, polen o propóleo.

Pero la lluvia pesa tanto en la obrera que impide su vuelo, y por debajo de 8 grados Celsius las abejas quedan entumecidas.

En verano las obreras buscan sobre todo el néctar. Pero el sol del mediodía seca las flores.

En primavera, las obreras buscarán sobre todo polen. Pero ni el calor ni el frío detienen completamente la producción.

Algunas cifras

Una abeja pesa aproximadamente un décimo de gramos. Ella puede transportar la mitad de su peso, o sea, 0,05 g, aunque con frecuencia ella trae solo 0,02 g. Para transportar un kilogramo de néctar es necesario que una obrera realice 50.000 viajes, o que 50.000 obreras realicen un viaje. Una abeja puede hacer diariamente veinte viajes de un kilómetro de ida y vuelta, trayendo 0,4 g de néctar. La cosecha de 1 kg de néctar representa más de 40.000 kilómetros, es decir, más que una vuelta al mundo.

Tiempo de vida de una obrera

Las obreras pueden vivir un máximo de un año, cuando están huérfanas o en una mala temporada, es decir, cuando tienen poca actividad. En las colonias normales en una buena temporada, como resultado de su incesante actividad, las obreras viven como máximo dos o tres meses, y a menudo solamente tres o cuatro semanas.

Hábitos de las obreras

Entre las abejas de una misma colonia se observa una unidad y comprensión a un grado de perfección que no existe en ningún otro lugar. Porque todas las abejas tiene una sola y la misma meta, una sola y la misma ambición: la prosperidad de la colonia.

Por la misma razón, las obreras desafían a las abejas vecinas. Las examinan y, excepto en ciertos casos particulares, cuando reconocen que son extrañas, las expulsan afuera y a menudo las aguijonean hasta matarlas, sin tomar en cuenta que este acto de violencia causa su propia muerte.

POLIMORFISMO DE LAS ABEJAS

Las diferencias entre una obrera y una reina ¿provienen solamente de la forma de la celdilla en la que la larva se desarrolla y de su alimentación? ¿Quién se atrevería a afirmarlo?

Si fuera solo una cuestión de completar más o menos el desarrollo, se podría aceptar la influencia preponderante de la alimentación y del ambiente. Pero existen diferencias entre una reina y una obrera que no pueden ser atribuidas a la dieta y a la cuna. La obrera tiene ciertos órganos como los cestos de polen y las glándulas secretoras de cera que no están presentes en la reina, y ésta, por su parte, tiene ciertas características que no se encuentran en la abeja neutra. Pero estas diferencias en los organismos no pueden ser atribuidas a las condiciones ambientales. Sólo pueden provenir de las abejas nodrizas que por instinto conocen qué tratamiento deben darle a una larva de la cual va a surgir una obrera que estará dotada con los órganos necesarios para las funciones que ella tendrá que desempeñar; también saben qué tratamiento dar a una larva destinada a ser una reina, de modo de sustraer o atrofiar órganos que no necesitará, y, desarrollar, por el contrario, aquellos que requerirán sus tareas maternas. Ésta es la asombrosa capacidad que tenemos que admitir en las abejas nodrizas de una colmena si deseamos explicar el polimorfismo de las abejas.

9

Lo que se ve en los Alrededores de una Colmena

Cuando la temperatura es favorable para el flujo de néctar, resulta fácil seguir el trabajo de las abejas, ya sea en un campo o al borde de un bosque, sin peligro de que nos piquen, pues como hemos dicho, lejos de su colmena las abejas no pican jamás.

Incluso puedes reconocer a tus propias abejas, ya sea porque que son de una raza que no existe en la región, o bien porque la entrada de su colmena fue rociada con un poco de polvo, harina por ejemplo.

NÉCTAR

El néctar es la principal sustancia que las abejas buscan en las flores. Al llegar a una flor, la abeja separa los pétalos, sumerge su cabeza dentro de la flor, alarga su trompa y absorbe la gota de néctar que podríamos haber visto antes de su llegada.

Lo que se
ve en los
alrededores
de una
colmena

Abeja pecoreando en una flor

La abeja luego se mueve a otra flor y opera de la misma manera.

Cabe señalar que cuanto más néctar hay y más forrajeo, la abeja parece no ir en una misma salida más que a una única variedad de flores, puesto que la abeja tiene sus preferencias, no visitando una flor ya visitada el día anterior por otra abeja.

La abeja no cosecha néctar solo en las flores, sino también a veces en las plantas, en las estípulas de la veza, por ejemplo, y en la temporada cálida a veces también en las hojas de robles, abedules, hayas, álamos, tilos, etc. Este néctar se llama mielato.

Polen

Las abejas también recolectan polen que usan para alimentar a las larvas. Las pecoreadoras que buscan el néctar deben recoger, tal vez involuntariamente, una cierta cantidad de polen, pero es cierto también que algunas pecoreadoras buscan el polen sin preocuparse del néctar.

Las abejas toman polen con sus mandíbulas, lo amasan, y hacen con él una bola que manipulan con las patas delanteras para llevarla a las cestas de las patas traseras.

En algunas flores, como la retama o la amapola, hay tanto polen que el cuerpo de la abeja puede acabar completamente cubierto de él.

Siempre se ve un solo color en el polen aportado por un abeja. Parece que la abeja en cada salida visita solo una variedad de plantas para recolectar el polen. Porque el color del polen varía con cada especie de planta.

PROPÓLEOS

Las pecoreadoras también cosechan propóleos en las yemas de algunos árboles: alisos, álamos, abedules, sauces, olmos, etc.

El propóleo es un material resinoso, transparente y pegajoso. Las abejas lo transportan en pequeñas bolas, como el polen. Les sirve para tapar las grietas y rellenar los huecos del interior de la colmena.

AGUA

Finalmente, algunas pecoreadoras también buscarán el agua que utilizan para diluir la pasta destinada a las abejas jóvenes, y también probablemente para disolver la miel cristalizada.

Las abejas tienen una extraña preferencia por las gotas de rocío de la mañana, el agua de mar y por el agua estancada en las cercanías de las granjas que contiene algo de purin.

10

Lo que se ve en la Plancha de Vuelo

Cuando el clima lo permite, a la entrada de la colmena pueden verse machos o zánganos y obreras.

ZÁNGANOS

Los machos sólo salen a las horas más calurosas del día. Son ruidosos, vuelan pesadamente, sin rumbo, sin traer néctar ni polen a la colmena.

OBRERAS

Cuando la temperatura asciende por encima de 8 grados Celsius, pueden verse obreras en la piquera de la colmena. Ellas siempre están ocupadas, pero con funciones diferentes: las hay guardianas, ventiladoras, limpiadoras y las que entran y salen, que son las forrajeras.

GUARDIANAS

Las guardianas van y vienen moviéndose sobre la entrada de la colmena. Inspeccionan a las abejas que vienen de afuera, y las dejan ingresar cuando son reconocidas, sin duda, por su olor.

Reconocerán y perseguirán a las abejas ladronas provenientes de otra colmena con la intención de robar la miel. También persiguen avispas, avispones, mariposas "calavera" o abejorros que intentan ingresar a la colmena.

VENTILADORAS

En el atardecer de días calurosos, sobre todo si hay flujo de néctar, junto a las guardianas, se ven a las abejas "ventiladoras", fijas sobre sus patas con la cabeza hacia la entrada de la colmena. Sus alas se mueven rápidamente y producen un zumbido particular, que puede escucharse desde lejos. Su función es ventilar para mantener baja la temperatura, y también evaporar el agua en exceso del néctar ingresado recientemente.

LIMPIADORAS

En la mañana, sobre todo en la primavera, se ven abejas saliendo de la colmena, transportando restos de cera, abejas muertas u otros residuos. Ellas son las limpiadoras.

PECOREADORAS

Por último, también vemos a las pecoreadoras saliendo y entrando en la colmena. Ellas remontan vuelo sin dudar, en una dirección determinada, recordando las flores visitadas el día anterior. Cuando retornan se encuentran pesadas porque están cargadas de néctar. A veces tienen dificultad al aterrizar y caen en la hierba que rodea la colmena. Otras ingresan portando en sus patas traseras bolas de polen amarillo o de otros colores, que recogieron de los estambres de las flores.

ABEJAS EN PRÁCTICA DE VUELO

Los días de alta temperatura, sobre todo después de varios días lluviosos, con frecuencia se ven muchas abejas volando alrededor de la colmena, en círculos cada vez más grandes. No son pecoreadoras; son abejas jóvenes que están reconociendo a su colmena y su ubicación. A este ejercicio se le conoce como "*soleil d'artifice*".

BARBA DE ABEJAS

Cuando hace mucho calor y hay poco espacio en el interior de la colmena, las abejas se agrupan frente a la entrada, o incluso debajo, unidas unas a otras por las patas. Se dice, entonces, que han formado una barba de abejas. También lo hacen cuando se están preparando para enjambrar.

Adelante, una abeja limpiadora arrastra una abeja muerta. En el medio, se ven dos zánganos, más cortos y gruesos. Cerca de la entrada, dos pecoreadoras de polen ingresando en la colmena.

En el frente, se ve una abeja guardiana realizando el reconocimiento de una abeja entrante. Cerca de la piquera, las ventiladoras mueven el aire de la colmena

LO QUE SE
VE EN LA
PLANCHA DE
VUELO

Las abejas forman una "barba".

11

Lo que se ve Dentro de una Colmena

PANALES

Lo primero que descubrimos en una colmena son las placas de cera ahuecadas con cavidades regulares. Estas placas se llaman panales; las cavidades, celdas, celdas o alvéolos. Algunos panales se encuentran a medias, otros están terminados. Los panales están separados entre ellos por aproximadamente un centímetro.

CELDAS

Las celdas son de diferentes tamaños. Las celdas de los machos son más grandes; las celdas de las obreras son las más pequeñas.

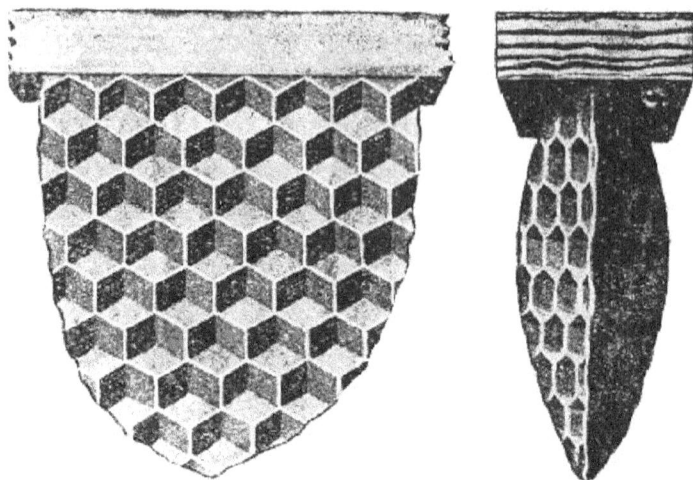

Panales a medio construir, vistos de frente y de perfil.

También hay celdas irregulares, llamadas células de transición. Finalmente, a veces hay realeras, que tienen una forma especial que se asemeja externamente a un cacahuete.

Las celdas pueden tener una tapa llamada "opérculo". Las celdas descubiertas pueden estar vacías o contener huevos, larvas, polen o miel. Las celdas operculadas contienen cría si la tapa es curva y mate, y miel si el opérculo es plano y brillante.

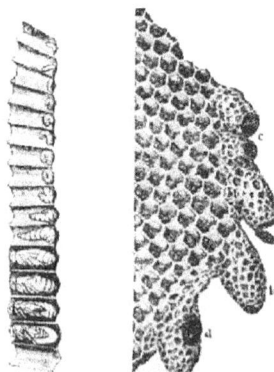

Realeras

c) Arriba, realeras sin terminar.

b) Más abajo, realeras cuya reina ha salido normalmente, debajo de ellas, una realera tapada que contiene una reina.

d) Finalmente, realera rota cuya reina ha sido asesinada.

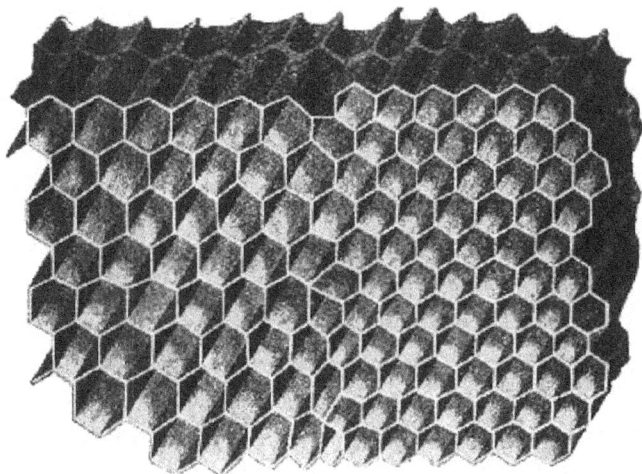

Izquierda, celdas de zángano. Derecha, celdas de obrera. En medio: celdas de transición.

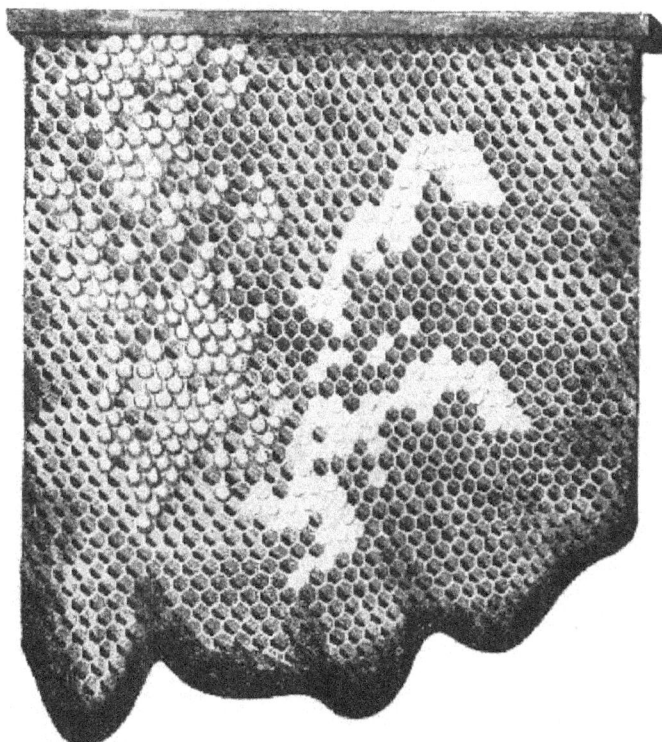

A la izquierda, celdas de zánganos, opérculo abultado mate. A la derecha, celdas de obreras, el opérculo es curvado y mate.

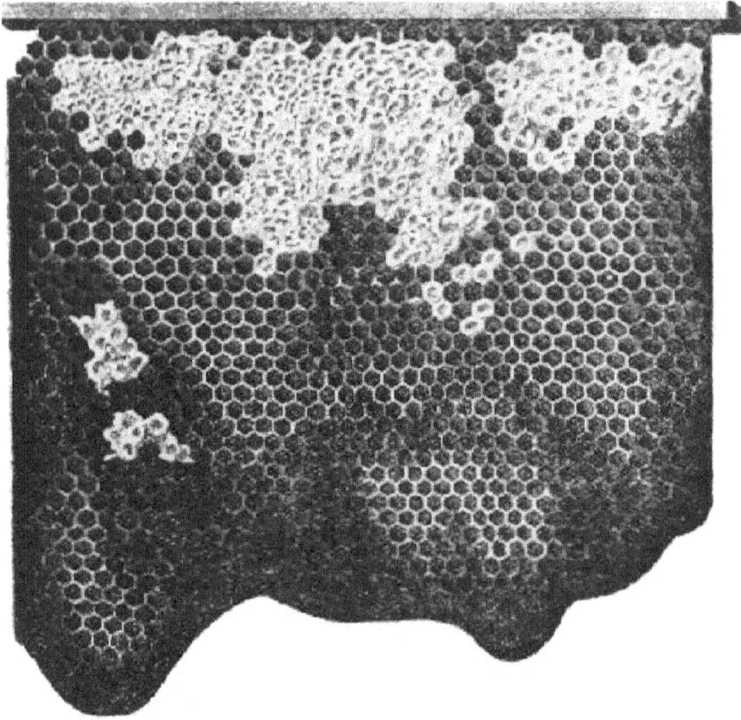

Arriba, celdas operculadas que contienen miel. El opérculo es liso y brillante.
Los huevos se encuentran en posición horizontal el primer día, inclinados el segundo, y
descansando sobre el fondo de la celda el tercero. Las larvas recién liberadas varían en
tamaño según su edad

HABITANTES

En la colmena hay obviamente una reina, obreras y zánganos. Ya hablamos de todo ello en un capítulo anterior.

La reina no tiene otra ocupación que la de poner huevos. Las obreras realizan diferentes ocupaciones: alimentar a la reina y las larvas; traer néctar, polen, propóleos y agua; o limpiar las celdas y la colmena. Los zánganos están dispersos sobre la zona con cría sin ocupación aparente, probablemente para calentarla. Cuando visitamos la colmena en las horas calurosas del día, los zánganos están afuera o en las esquinas de la colmena para no molestar a las obreras.

12

Las Dificultades de la Apicultura

La apicultura es útil y agradable: ésto es indiscutible. Entonces, ¿por qué no está más desarrollada? Porque no hay abejas, o no hay suficientes, donde hay flores para ser fecundadas o néctar para ser recolectado.

El aguijón de la abeja es el primer obstáculo. Otro es la complejidad de tanto el material como los métodos apícolas. Finalmente, el obstáculo decisivo es que el beneficio parece ser muy escaso para permitir la práctica de la apicultura.

Pero estamos escribiendo este libro para eliminar todos estos obstáculos. Nosotros hablaremos de la dulzura de la abeja. Le daremos las dimensiones de una colmena económico. Le mostraremos un método simple, que es a la vez económico. Si sigue nuestros consejos, le garantizamos un beneficio seguro e importante.

Padre Warré levantando el primero de los cuatro cajones de una colmena. Un perro está echado a un lado.

13

La Apicultura sin Picaduras

El primer obstáculo para la generalización de la apicultura es el aguijón de la abeja. Se puede hablar durante horas de abejas, y en cualquier país que esto se haga y en todas las clases de la sociedad nos encontraremos con el interés general. La abeja resulta simpática, pero incluso los más amigos de las abejas confesarán que no les interesa la práctica de la apicultura por miedo a su aguijón. ¿Está justificado este temor?

La abeja a menudo es maltratada, empujada por la cosechadora, por los animales, cuando pecorea en un prado... Pero en esas circunstancias, nunca pica. Haga este experimento usted mismo. Cuando sus árboles estén en flor, examine a las abejas que se alimentan de estas flores. Si lo desea, para distinguirla mejor, arroje sobre una de ellos un poco de harina o polvo de arroz y sígala. Si la empuja con la yema del dedo, verá como se va a otra flor. Empújela de nuevo, y verá cómo se aleja más allá. Puede continuar este juego durante todo el tiempo que desee: la abeja no se irá hasta que haya recogido su carga de miel, y nunca le hará daño.

Habrá podido observar algunos apicultores profesionales

cuando trabajan sin miedo en medio de sus abejas sin ningún tipo de protección, ni siquiera un velo protector sobre la cabeza.

En las primeras ediciones de mi manual, reproduje en muchas fotos todo el trabajo de apicultura del año, incluso la transferencia desde una colmena de paja, trabajo que termina a golpe de palos. En esas fotos se puede ver que hay abejas en las colmenas, que los operarios no llevan ni guantes ni velo, y que tienen por única arma un ahumador modesto Bingham, y que finalmente, al pie de las colmenas está, recostado en silencio, mi perro, mi amigo Polo, un cocker spaniel de orejas largas y pelo largo: todo lo necesario para que una sola abeja formase allí una revolución si hubiera estado descontenta. Una de estas fotos se reproduce aquí.

Las abejas no son animales peligrosos por naturaleza. Pero las abejas tienen la misión de crear una familia y hacerla prosperar, recolectar miel y conservarla. Y para defender a esta familia, las abejas recibieron un arma poderosa: su aguijón y su veneno. Cuando perciban un peligro, real o imaginario, contra su familia, se lanzarán en un ataque contra el que no valen caretas, guantes, polainas o ropas, por gruesos que éstos sean.

Sin embargo, el apicultor que proporcione a sus abejas una vivienda bien acondicionada, suficientes provisiones, y que se acerque a ellas amistosamente, será bien recibido y después de unos momentos de fraternidad, podrá, sin peligro, sacudir esas buenas abejas, empujarlas o cepillarlas como a menudo es necesario hacer.

No conozco ni un sólo animal al que se pueda tratar tan duramente como a las abejas.

Admito que hay dos categorías de personas expuestas a ser a menudo picadas por las abejas: la gente violenta (violenta en sus acciones o en sus palabras) y la gente que tiene un olor fuerte, agradable o no (tanto los que sufren de halitosis por una mala dentadura, un mal estómago o alcoholismo - gente impura -, como los que van perfumados). Todos los demás podrán hacer apicultura con la certeza de no ser picados, con la única condición de que nada en ellos sugiera a las abejas que es su enemigo. Pero esto será fácil para aquellos que quieran seguir mi método, porque por cada operación indicaré de forma precisa y detallada la forma de proceder.

A pesar de mis afirmaciones sobre el carácter inofensivo

de la abeja, he observado en algunas personas una aprehensión a veces insuperable cuando se trataba de acercarse a las abejas a cara descubierta. Por eso, en mi método, propongo el uso de un velo que le da al apicultor la seguridad de que no se le puede picar en la cara.

Además, mi método disminuye o elimina el peligro de picadura. La transferencia de abejas de una colmena a otra se realiza fuera del apiario. Durante esta operación no podemos ser molestados ni por las abejas de las colmenas vecinas, ni por las pecoreadoras de la colmena en transferencia. No se quitan panales de la colmena con las abejas presentes, por lo que el apicultor no puede aplastar ni irritar a las abejas. En las operaciones rutinarias anuales, la colmena se abre una sola vez, durante en la cosecha, por lo que no hay enfriamiento frecuente de la cámara de cría, es decir, no hay motivo para que las abejas se irriten.

Por lo tanto, podrá usted ejercer la apicultura sin el riesgo de ser picado por las abejas. Yo siempre pienso que cuando un apicultor es picado por sus abejas debería preguntarse: ¿qué error he comprometido?

14

La Elección de una Colmena

La segunda dificultad para el apicultor principiante es elegir una colmena, es decir, conocer cómo va a mantener sus abejas.

Existen muchos y diferentes sistemas de colmena y todos tienen sus entusiastas y sus oponentes.

Esta dificultad puede ser solucionada. Y así es cómo.

NO TRATE DE EXPERIMENTAR

No es raro de escuchar a un principiante resolver de esta forma: "Voy a probar con dos o tres de los sistemas más conocidos, los estudiaré y veré cuál es el mejor".

Pero la vida es corta, especialmente la vida activa. A menos que Ud. sea especialmente privilegiado, no será capaz de llegar a una conclusión definitiva.

Para evaluar diferentes colmenas, deben ser estudiadas en el mismo apiario, bajo el mismo manejo, con un mínimo de entre diez y doce colmenas en cada sistema, durante un período de diez años. En otras palabras, es necesario que estas colmenas estén en una situación idéntica y que puedan dar un promedio real.

Pero después de estos diez años puede observarse que un sistema particular es perfecto en el invierno, por ejemplo, y otro es mejor en verano. Se diseñará un sistema de colmena que combine todas las ventajas de los dos sistemas estudiados anteriormente. Y se evaluará este nuevo sistema de colmena por otros diez años. Después de este segundo estudio se podrá tomar conciencia de que se dispone de una colmena que es perfecta para las abejas, satisfaciendo todas sus necesidades, pero no es adecuada para el apicultor porque le requiere demasiada supervisión. Se intentará otro nuevo experimento de diez años de duración? Podrá hacerse?.

Al realizar los aficionados estos experimentos, obtendrán una gran satisfacción. Estos experimentos me han otorgado muchas horas disfrutables. Aquellos que desean producir, o están obligados a hacerlo, harán bien en abstenerse de realizarlos.

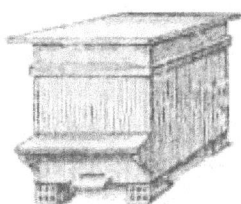

Sistemas de colmenas estudiados en mis apiarios.
1. Colmena Duvauchelle. 2. Colmena Viewnot, semi-doble, dos colonias de
8 cuadros. 3. Colmena Seenot con 10 cuadros. 4. Colmena Dadant-Blatt. 5.
Colmena Layens, dos colonias, 9 cuadros con gran altura. 6. Colmena Layens
con 12 cuadros con subida. 7. Colmena Layens con 9 marcos. 8. Colmena Jarry
con 12 cuadros, edificios cálidos. 9. Colmena Congrès 30 x 40, bajo, con 10
cuadros. 10. Colmena Congrès 30 x 40, bajo, con 8 cuadros. 11. Colmena del
Pueblo con cuadros móviles. 12. Colmena del Pueblo con panales fijos (uno de
los primeros modelos).

CUESTIONE EL CONSEJO DE LOS OTROS

Por supuesto los apicultores, ya sea escribiendo o hablan-
do, recomiendan la colmena que han elegido, o la que ellos han
inventado, porque ellos creen que la han perfeccionado. Pero el
amor paternal es ciego. Los apicultores no ven los defectos de sus

colmenas. Ellos te engañaran sin darse cuenta.

Una pasión dirige a la humanidad, y es la vanidad. LLamémosla amor propio. Pero el amor propio impide que el apicultor admita que está equivocado en su elección de colmena, si por casualidad lo descubre. Él dirá que esa colmena da resultados excelentes. Y a fuerza de repetirlo, quizás termine convenciéndose a sí mismo. Y sin pensar que está perjudicándolo, él le prometerá cosechas asombrosas. De hecho Ud. será decepcionado.

Es también necesario advertir que a veces el interés personal guía a ciertos apicultores. Ellos no desean que se incremente la competencia, y así recomiendan lo que ellos condenan. Los constructores de colmenas, por otro lado, estarán motivados para recomendar la colmena que ellos producen en serie. Esto les da mayores ganancias. Y dicha colmena no siempre es la mejor.

Es mejor no escuchar a nadie. Especialmente porque hay una manera infalible de conocer la mejor colmena. Basarse en principios apícolas o científicos que todos admiten y nadie puede disputar.

15

El Valor de mis Consejos

Durante más de 30 años he estudiado, en mis apiarios, los principales modelos de colmenas que se muestran en las ilustraciones anteriores.

En mis apiarios he tenido 350 colmenas de diferentes tipos, lo que me ha permitido hacer comparaciones.

No obstante, no quiero imponer mi experiencia a nadie. Para hacer valer mi modelo de colmena y mi método, fruto de mis estudios, no pondré por delante mi trabajo ni mis resultados. Simplemente daré las razones de su superioridad, razones basadas en principios apícolas y científicos incuestionables.

Más aún, puesto que a la vez que difundo mis conocimientos proporciono las características de mi colmena, mis motivaciones son absolutamente desinteresadas.

16

La Mejor Colmena

APICULTURA CIENTÍFICA

¿Usted desea estudiar a las abejas mientras está viviendo y yendo a su trabajo?

Para hacer esto, Usted no solo necesitará una colmena de vidrio, sino también una que pueda estudiarla a voluntad en todos sus rincones. En este caso, es la colmena con cuadros la que se necesita, y además éstos deberían ser móviles a voluntad. Es necesario que los cuadros se puedan "abrir", como las páginas de un libro.

Es de una colmena de este tipo de la que se sirvió Francois Hubert para sus famosas observaciones.

Esta colmena es costosa y no produce rentabilidad. Ella es un sacrificio a favor de la ciencia.

APICULTURA PRODUCTIVA

Por el contrario, ¿le gustaría a usted obtener de su colmena miel que sea completamente natural y menos costosa que la de los almacenes? ¿Le gustaría comenzar una actividad que lo alimente a usted y a su familia? En ese caso, se necesita una colmena más económica, cuyo manejo demande menos trabajo, cuya miel, en una palabra, le cueste menos. Sólamente una colmena con panales fijos le dará este resultado.

RAZONES DE ESTE CONSEJO

La recomendación anterior podría parecer imprudente, visto el gran número de colmenas con cuadros de todos los tipos que están en el mercado y son utilizadas por apicultores.

Piense en esto: ¿Cuáles son los apiarios modernos que no han sido abandonados después de unos años de experiencia? Son los de maestros de escuela, los de vicarios, etc. que tienen tiempo disponible que de otro modo no usarían. Y los que pertenecen a apicultores que han aprendido y fueron capaces de combinar su apiario con alguna clase de negocio como el de construir colmenas, hacer confituras, etc. Todos los otros apiarios desaparecen rápidamente porque no alimentan a sus dueños.

No es necesario realizar un estudio comparativo de las colmenas modernas para tomar conciencia de sus limitaciones. Sería largo y tedioso, ya lo hemos dicho. Es suficiente evaluar lo que cuesta instalarlas, qué tiempo requieren en horas de trabajo, para poder concluir, sin necesidad de ser apicultor, que el producto obtenido tiene un costo demasiado alto. Los precios de las colmenas de cuadros y sus accesorios pueden ser hallados en los catálogos de los fabricantes. No tomaremos nuestro tiempo con ellos. Solamente consideraremos el número de horas de trabajo que cada sistema requiere.

NÚMERO DE SISTEMAS

El número de modelos de colmenas crece cada día. Subimos un centímetro por aquí, añadimos otro por allá, fabricamos cuadros de todas las formas geométricas, y anunciamos una nueva colmena que conseguirá, donde otras no lo han hecho, que el apicultor haga una fortuna. Pero esto comienza con una inversión económica, pues todas estas modificaciones suelen traducirse en un aumento de precio de la colmena. En todo caso no podemos hablar de sistemas nuevos porque no aplican ningún principio apícola esencial.

Pero muchos apicultores están obsesionados con los inventos. Ellos tienen la manía de añadir cambios y adaptaciones a las colmenas que ya poseen. Hasta la Colmena del Pueblo ha sido ya víctima de los "inventores". Ellos dicen que la están mejorando. Pero las modificaciones de las que yo he oído son inútiles, algunas son negativas y otras absurdas.

En realidad todas las colmenas comerciales pueden ser divididas en cuatro sistemas: la colmena Dadant, la Voirnot, la Layens y la colmena rústica.

17

La Colmena
Dadant

Ch. Dadant

La colmena Dadant contiene 12 cuadros. Estos tienen las siguientes dimensiones: altura 22,6 cm, longitud 42 cm. Las alzas tienen unos cuadros que miden la mitad de alto que los de la cámara de cría, esto es, 11,3 cm.

SU POPULARIDAD

Tan pronto apareció esta colmena adquirió un gran éxito. Un gran desilusionado acusaría a los franceses; "la ligereza, la inconstancia, la pasión por las novedades y las modas, el interesarse por igual por los asuntos más serios y por los más frívolos" . Un diplomático diría: "los franceses son como niños grandes que aceptan sin juicio las ideas de los demás, especialmente de los extranjeros." Y un historiador escribiría: "los franceses gustan de exaltar lo que viene de fuera a expensas de lo que tienen en casa".

Dadant, si bien es de origen francés, vivió en Estados Unidos. De todos modos, la colmena Dadant que utilizamos nosotros no es la que utilizaba Dadant. Él era un fabricante de cera estampada más que un apicultor, pero a nadie parece interesarle eso.

Por otra parte, la colmena Dadant es especialmente interesante para el emprendedor. Gracias a ella se crearon y proliferaron empresas, las cuales recomendaban la colmena Dadant pues les daba ganancias. Vivían de ella. Con las antiguas colmenas de paja no había accesorios que fabricar y vender.

En cualquier caso, hay que reconocer que este modelo permite servirse de un extractor, invención cuya utilidad es incontestable. Sin embargo, no se ha previsto que, con algunas modificaciones, también es posible su empleo para la extracción de miel de panales fijos.

SUS DIMENSIONES

Sus grandes medidas, evidentemente, precisan de más madera que una colmena de 30 x 30cm, y esto es dinero. En primavera, cuando la colonia comienza a desarrollar su cría deberá calentar el interior sobre una superficie de 2.000 cm2, en comparación con los 900 cm2 de nuestra colmena. Siendo la miel el único combustible del que disponen las abejas para generar este calor, necesitarán más provisiones invernales.

SUS CUADROS

Algunos consideran el cuadro móvil como algo indispensable para la vigilancia de la colmena, tratamiento de enfermedades y extracción de miel.

En mi opinión es una de las principales causas de enfermedad. Al facilitar las visitas, las multiplicamos, con la consiguiente fatiga de las abejas para restablecer la temperatura, lo que lleva al debilitamiento de la especie aumentando el riesgo de contraer enfermedades. No hacen falta cuadros para comprobar el estado de las provisiones. Si dejamos en otoño las reservas necesarias no tendremos nada de lo que preocuparnos.

No necesitamos cuadros para comprobar el estado de la colonia. Si las abejas aportan polen significa que hay reina poniendo, y cría. Todo va bien. El número de entradas y salidas indica la fortaleza de la colonia. Si hay una súbita caída en el tráfico de abejas será preferible que eliminemos la colonia y la reemplacemos, bien por un enjambre capturado o por uno adquirido a otro apicultor. Si, junto a la aludida disminución de entradas, constatamos mal olor o podredumbre de la cría, habremos de desinfectar la colmena con fuego o lejía. Ello resultará más económico que cualquiera de los tratamientos recomendados, sólo apropiados para expertos que llevan a cabo estudios científicos.

Tampoco son necesarios los cuadros para la extracción de miel. Nosotros usamos cajas con unos soportes donde colocamos los panales fijos, que de este modo pueden ser centrifugados en el extractor, y resisten a la rotura tanto como los cuadros.

Además, deben reconocer los partidarios de los cuadros que, una vez salidos de la fábrica de montaje, lo más que aguantan son dos años. No tardan mucho en pegarse entre sí y a las paredes interiores de la colmena, exigiendo una minuciosa limpieza cada primavera. Pero la mayor parte de los agricultores no hacen dicha limpieza así que ¿para qué queremos cuadros?

En cualquier caso, los cuadros Dadant deben estar perfectamente terminados, y mantenidos, ya que debe existir un espacio vacío de 0,75 cm entre las paredes de la colmena y los cuadros. Ese hueco debe mantenerse así, pues si fuera más pequeño, digamos 0,5 cm, las abejas lo propolizarían. Si por el contrario el espacio fuera superior a 1 cm, entonces las abejas construirán panal en dicho hueco, porque no les gusta el espacio vacío. En cualquiera de los dos casos, los cuadros dejarán de ser móviles. Esta precisión en las medidas de la colmena encarece su precio de adquisición.

La colmena Dadant tiene un cuadro largo y bajo. 18 kg de miel repartida entre 12 cuadros no dejarán más de 1kg en los cuadros del medio, es decir que se almacenará casi toda en los extremos, casi nada en el centro. En el invierno las abejas se agruparán sobre la miel de un lateral, donde caliente el sol. Cuando hayan consumido toda la miel que hubiera sobre el bolo invernal, se irán desplazando hacia el otro extremo de la caja, donde aún queda miel. Pero si la temperatura es baja no podrán hacer este desplazamiento porque los cuadros centrales apenas tienen reservas suficientes como para llegar al otro lado. Morirán de hambre a poca distancia de las provisiones. Este es un gran defecto de las colmenas de cuadros bajos y largos.

LA CERA ESTAMPADA

La cera estampada que utilizan las colmenas Dadant es cara. Los accesorios que exige son caros. Colocar láminas de cera en los cuadros es una labor minuciosa y lleva tiempo. Todo ello aumenta el coste de la colmena y en consecuencia de la miel producida.

Fuera de la época de mayor flujo de néctar, la cera estampada apenas aporta nada, suponiendo para las abejas el ahorro de una muy pequeña cantidad de miel y menos aún de tiempo, ya que ellas nunca dejan las celdas en el estado en el que el apicultor se las da.

Durante el flujo de néctar, único momento en el que se construyen los panales, el aporte de cera estampada es más dañino que útil. La cera no es otra cosa que el sudor de la abeja, y suda mucho durante la época de recogida, pues se dedica a su trabajo con la mayor devoción. La cera estampada es pues inútil en esta época, incluso contraproducente, pues no les permite a las abejas construir a su antojo.

El cuadro recién ajustado con cera estampada y situado en la caja, tiene varios grados más en la base que en su parte superior. Debido al calor, se producen dilataciones de la lámina estampada que hacen que se deforme en torno al alambre que la sostiene. Cuando no hay láminas de cera estampada las abejas construirán sus panales a medida que los necesitan, con buena cera (la suya) y con el espesor ordinario del panal. Ellas le darán mayor consistencia en su base, a medida que crece.

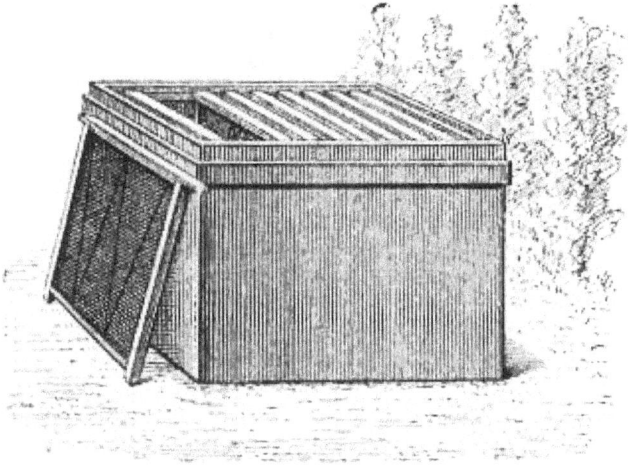

Colmena moderna: uno de los cuadros, provisto con cera estampada, apoyado a un lado de la colmena

Por todo esto nosotros no utilizamos cera estampada. Nos contentamos con situar una tira de cera natural, de 0,5 cm, bajo cada uno de los listones, a modo de "iniciador" para obligar en cierta forma a que las abejas construyan de forma paralela, facilitando el trabajo del apicultor.

INTRODUCCIÓN DE ABEJAS EN LA COLMENA

Para poblar una colmena Dadant no es suficiente con un enjambre de 2 kg, menos aún uno de 1,5 kg. Necesitaremos uno de 4 kg, lo cual no es fácil de encontrar en el mercado. El enjambre de 2 kg tardará dos años o más en instalarse y ser productivo. En nuestra colmena (Warré) un enjambre de 2 kg se instalará el primer año y producirá una cosecha tres meses después de su instalación.

LAS ENTRETAPAS

La cámara de cría de la colmena Dadant se recubre de entretapas o de un paño encerado. Pero en toda colmena hay humedad debida a la evaporación de la miel y la propia respiración animal. Esta humedad caliente sube a la parte alta de la colmena y se para en estas entretapas que no puede atravesar, extendiéndose a las extremidades de la colmena donde se enfría y condensa sobre los cuadros exteriores, deteriorando los panales. Esta humedad condensada mantiene a las abejas en un medio continuamente húmedo, lo cual no resulta higiénico. Nuestro techo cubre-cuadros evita este problema y proporciona a las abejas un entorno más saludable.

EL ALZA AISLANTE

El alza aislante que cubre la colmena Dadant no tiene más que 3 ó 4 cm de espesor, y está formado por dos telas, una por encima y otra debajo. Este espesor es insuficiente para que desempeñe su función de aislante. Su diseño no permite acceder fácilmente a su contenido, pues la tela superior no puede levantarse y eso impide ver si el contenido sigue seco o ha de ser reemplazado. Nosotros preferimos un alza no cubierta de 10 cm, es más eficaz, y facilita y agiliza renovar el contenido aislante.

LA VISITA DE PRIMAVERA

Como todas las colmenas de cuadros móviles, es necesario visitar la colmena Dadant en primavera -en Abril en la región parisina- entre el mediodía y las 2 de la tarde de un día cálido y soleado.

Es importante que la población no esté completamente desarrollada y que la temperatura no sea demasiado baja. La temperatura ambiente, por más que elijamos un buen día, siempre será menor que el interior de la cámara de cría, por lo que se recomienda proceder rápidamente pero sin brusquedad.

Se destina esta visita a la limpieza de todos los cuadros y las paredes, y retirada de los cuadros viejos que deben ser sustituidos. A las abejas no les gustan los espacios vacíos.

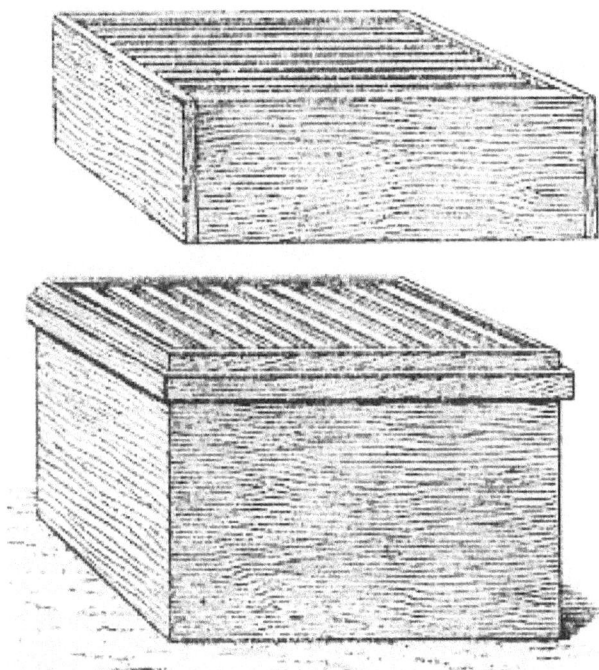

Colmena moderna con su alza. Abajo, la cámara de cría.

Hay que raspar y recuperar el tamaño correcto en el hueco entre los panales de los extremos y las paredes internas de la caja, pues la abeja trabaja constantemente para rellenar los huecos con propóleo. Si no hacemos esta limpieza todos los años será imposible manipular los cuadros al cabo de uno, dos o a lo sumo tres años, pues estarán completamente adheridos por el propóleo.

Durante esta visita de primavera es necesario sacar todos los cuadros uno por uno y rasparlos para quitar el propóleo. Además, hay que desplazarlos para eliminar también las paredes interiores de la caja. Después, hay que sustituir los cuadros muy negros, que han soportado varios ciclos de cría. Estos cuadros ven como sus celdillas se hacen más y más pequeñas y es preciso que los cambiemos, o las abejas nacerían pequeñas, débiles y propensas a contraer enfermedades. El problema es que, a veces, estos cuadros viejos tienen cría, y lo que suele hacerse es desplazarlos hacia el exterior del nido, esperando a que eclosionen para volver otro día a retirarlos.

Este procedimiento no gusta a las abejas, pues aumenta sus

necesidades de miel para volver a calentar la cámara de cría, llevando al apicultor una cantidad de tiempo considerable. Me atrevo a afirmar que un apicultor que trabaje solo apenas será capaz de atender la limpieza primaveral de 40 colmenas.

La visita de primavera a nuestras colmenas, por el contrario, se reduce a un trabajo insignificante, que puede practicarse a cualquier hora y con cualquier temperatura, pues no es preciso abrir la colmena. Es necesario hacer notar aquí, una vez más, que las llamadas colmenas automáticas sólo lo son en la fábrica de montaje, no en el colmenar.

Aumento de tamaño

Si en invierno el tamaño de la colmena debe reducirse al mínimo necesario, en verano deberá proporcionar a las abejas de espacio suficiente para el desarrollo de la colonia y el almacenamiento de miel. De aquí la necesidad de añadir alzas. Pero no debemos hacerlo demasiado pronto para evitar un enfriamiento de la cría que pararía la puesta. Tampoco debemos retrasarnos para así evitar una enjambrazón que nos dejaría sin cosecha. En principio se debe añadir un alza cuando todos los cuadros están ocupados, salvo uno en cada extremo de la cámara de cría. Habrá que añadir a menudo una segunda alza cuando la primera esté llena de miel en sus tres cuartas partes. Esto conlleva la necesidad de abrir la colmena para supervisar el grado de desarrollo de cada colonia, con el consiguiente empleo adicional de tiempo, enfriamiento de la cámara de cría y molestia a las abejas.

En nuestro método no es necesario abrir la colmena, y para añadir volumen situamos una caja por debajo, y no por arriba. No sólo esto, sino que podemos añadir varias cajas al mismo tiempo, sin importarnos que sea excesivamente pronto, y lo podemos hacer con cualquier condición atmosférica. El ahorro de tiempo es enorme.

Las provisiones

En razón de sus dimensiones y de todas las visitas que exige, la colmena Dadant necesita al menos 18 kg de miel para el invierno. Algunos autores opinan que 20 kg. En nuestra colmena basta con 12 kg. La diferencia es notable.

Con lo dicho hasta aquí, no es necesario haber practicado la apicultura para comprender que la colmena Dadant conduce a la molestia reiterada de las abejas, a su agotamiento de forma imprevista por la naturaleza, y a un consumo de miel extraordinario e inútil. La abeja estará más irritable, será menos resistente a las enfermedades, y el apicultor perderá varios kilos de miel y mucho tiempo.

18

La Colmena
Voirnot

Retrato De Padre Voirnot

El abad Voirnot debía conocer las dos buenas colmenas francesas Decouadic y Palteau. A él se le podría haber ocurrido, como me ocurrió a mí, encontrar la forma de utilizar un extractor para extraer la miel de los cuadros fijos de estas colmenas. Su inteligencia y perseverancia en otras investigaciones que realizó, demuestran su capacidad.

Lo curioso es que el abad Voirnot nunca habló de las bondades de estos dos modelos de colmenas. Deslumbrado con las ventajas del extractor centrífugo, aceptó en forma inmediata la colmena de cuadros, que le permitía utilizar en forma inmediata dicho extractor.

Pero no aceptó la colmena Dadant cuando se le propuso: reconoció sus defectos.

DIMENSIONES

Desde un principio, el abad Voirnot no estuvo de acuerdo con las dimensiones de la colmena tipo Dadant. Luego de realizar una serie de observaciones, el abad Voirnot concluyó que una superficie de panal de 100 dm2 era lo necesario y suficiente para que una colmena pasara sin dificultades el invierno y la primavera. Éste fue el tamaño que le asignó a su colmena, y que la hace superior a la Dadant.

ALTURA Y FORMA

El abad Voirnot le dio mayor altura al cuadro de su colmena, para que las abejas siempre tuvieran sus provisiones por encima de su nido. De esa forma se logra evitar la mortandad de colonias con alimentos a los costados del nido.

Diseñó su colmena de forma cuadrada. Lo anterior fue debido a que la forma cuadrada es la más similar a la cilíndrica, y ésta última es la que mejor distribuiría el calor de la colmena. Pero como resultaría mucho más cara que la cuadrada, optó por ésta.

Esta forma cuadrada permite colocar la colonia de forma "fría" o "caliente", a voluntad, lo que es otra pequeña ventaja.

El abad Voirnot le asignó a su colmena una forma cúbica, pensando que el cubo es el cuerpo que puede asemejarse más a una esfera, que es el tipo de colmena que permitiría una mejor distribución de la luz. En esto, el abad cometió un error. En realidad, las abejas buscan la oscuridad. Y esta forma cúbica impidió que Voirnot diseñara una panal tan alto como el de Layens. Gran error.

El abad Voirnot también se dio cuenta de las desventajas de hacer crecer la colmena por arriba agregándole alzas. Por eso, solo permite aumentar por arriba con "alzas" de 10 cm de altura. De esta forma, el problema de ampliación se minimiza.

ALMACENAMIENTO Y PROVISIONES

Dadas las dimensiones de la colmena, un enjambre de 2 kilogramos es suficiente para poblarla, y 15 kg de miel, para pasar sin problemas el invierno. Son dos ventajas importantes. Pero no olvidemos que en nuestra colmena, con 12 kg de miel alcanza.

A pesar de todas las ventajas que acabamos de mencionar, la colmena Voirnot mantiene todos los inconvenientes de la Dadant: cuadros, cera estampada, alza aislante, visita de primavera, ampliación, almacenamiento y tablas.

19

La Colmena
Layens

Georges de Layens

Como el abad Voirnot, Georges de Layens aceptó de inmediato el uso de cuadros móviles. Sin embargo, dada la altura que ideó para sus cuadros, parece haber recordado a las buenas colmenas francesas. De todas maneras, tampoco aceptó la colmena Dadant con sus fallas.

SUS CUADROS

Tienen una altura de 37 cm, mejor que los 33 cm de los cuadros Voirnot. Con ello garantiza, aún mejor que en el caso de la Voirnot, que las abejas tengan siempre accesible las reservas encima del bolo invernal. No más mortandad si hay disponibles cerca buenas provisiones. La colmena Layens, reducida a 9 cuadros mediante particiones, proporciona una invernada perfecta.

De hecho, las medidas 37 x 31 cm del cuadro Layens se aproximan a las de dos panales de nuestra colmena, superpuestos uno encima del otro, que sumarían 40 x 30 cm.

POBLACIÓN Y RESERVAS

Un enjambre de 2 kg debe desarrollarse bien en una colmena Layens con 9 cuadros (con la partición), y 15 ó 16 kg de miel serán suficientes para la invernada. Nótese que son aún 3 ó 4 kg más que los necesarios en nuestro modelo de colmena.

CRECIMIENTO

El Sr. Layens observó también el inconveniente de añadir alzas sobre la colmena Dadant. Lo que hizo fue, simplemente, suprimir las alzas verticales y reemplazarlas añadiendo varios cuadros a los lados de la cámara de cría. Y aquí es donde se ha equivocado. Cuando las abejas hayan llenado de miel el último cuadro exterior de la cámara de cría, no pasarán sobre éste para llevar miel a los cuadros exteriores. Ello nos exige supervisar la colmena par retirar los cuadros exteriores, cuando aún están cargados a la mitad, y moverlos hacia el exterior poniendo en su lugar cuadros vacíos. Si no, las abejas enjambrarán por entender que no hay más espacio disponible. Las dificultades asociadas al crecimiento de la colonia no han disminuido, más bien al contrario.

En definitiva, la colmena Layens no aporta otra ventaja que la altura de sus cuadros. Aparte de esto, tiene todos los defectos de la Dadant: cuadros móviles, cera estampada, entretapas, alza aislante, visita de primavera, crecimiento y almacenamiento de las reservas.

OBSERVACIONES

En cuanto a la Layens modernizada (9 cuadros con alza), nosotros hemos descartado su uso hace ya 50 años. Las abejas invernan bien en su interior, pero en el momento de añadir el alza aún suele quedar algo de miel en el margen superior de los cuadros y ellas difícilmente lo atravesarán para subir al alza, pues no les gusta pasar por encima de la miel. Generalmente prefieren enjambrar.

20

La Colmena Mixta

La APICULTURA SIN PRINCIPIOS

Yo no ignoro que muchos propietarios de colmenas no las manejan de acuerdo a los principios de apicultura de los que hemos hablado.

Ingresan un enjambre dentro de una colmena. Al llegar la primavera ellos agregan un alza sobre la colmena. En otoño ellos cosechan la miel del alza. Eso es todo.

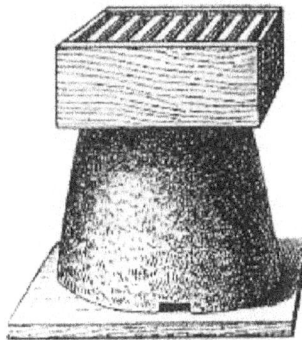

Colmena mixta con su alza

Hay demasiada miel en la cámara de cría y las abejas, faltas de espacio, enjambran en primavera. O no hay suficiente miel, y las abejas mueren de hambre si el apicultor no las salva temprano en la primavera con una alimentación terriblemente costosa.

Las abejas nacidas de cuadros viejos son débiles, sin resistencia a las enfermedades, peligrosas para los apiarios vecinos.

Además, los cuadros del nido de cría pronto dejan de ser móviles.

LA APICULTURA LÓGICA

Para estos apicultores las colmenas modernas no son adecuadas. Ellos deberán adoptar la colmena mixta.

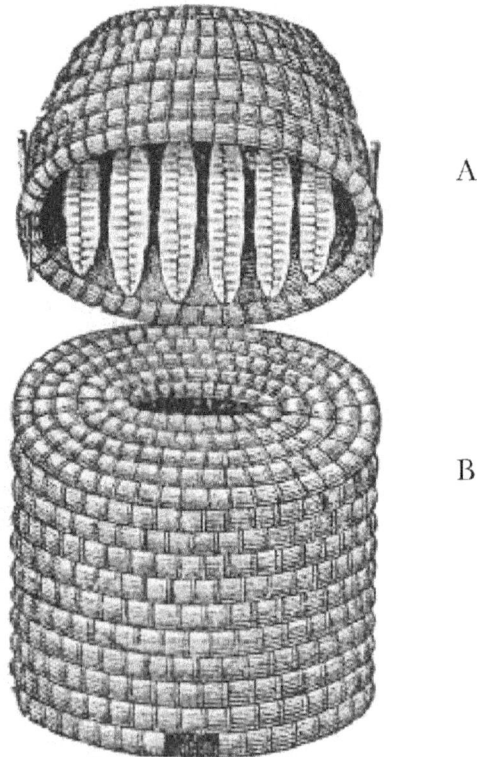

Colmena con bóveda: A - Bóveda ; B - Cuerpo de Colmena

La colmena mixta es una colmena rústica o común de panales fijos sobre la que se coloca un alza de cuadros móviles. La base, o nido de cría, puede ser fabricado de paja, mimbre o madera.

La colmena con bóveda también les vendría bien, pero yo quiero decirlo claramente: estas colmenas tienen sólo una ventaja: la economía en su instalación. Pero conducen a desastres porque sus panales no son renovadas, y debido a que sus reservas no son verificadas. Si las reservas son insuficientes, las abejas morirán. Si las reservas son demasiado abundantes, las abejas enjambrarán por falta de espacio; no ascenderán nunca ni al alza ni a la bóveda, porque las abejas no cruzan por encima de la miel.

21

La Colmena
Rústica, Tradicional
o de Campana

SUS PARTIDARIOS

Muchos jóvenes aficionados adoptaron las colmenas modernas de cuadros nada más aparecer. Sin embargo, gran parte de los propietarios de colmenas tradicionales continuaron fieles a su sistema.

La mayoría son campesinos prudentes que se decantaron por la certidumbre antes que por los cantos de sirena. Los años les han dado la razón.

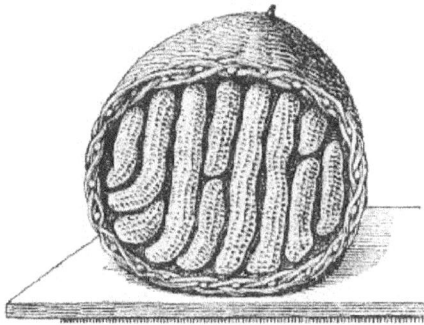

Interior de una colmena tradicional de tipo acampanado

100

La Colmena
Rústica,
Tradicional
o de
Campana

Mis propias observaciones llevan a la misma conclusión. En mi pueblo natal, cada familia tenía su colmenar. Todos mis amigos de la infancia consumían, como yo, buenas rebanadas de pan con miel. Veinte años después, yo era el único que seguía teniendo colmenas. En algunos jardines había una colmena Dadant o una Layens, pero vacías y abandonadas. Sus propietarios se habían dejado tentar por la propaganda de los vendedores en las ferias agrícolas. Pensaron que producirían más y mejor con esas colmenas modernas. Lo cierto es que abandonaron la única colmena que les convenía, la tradicional.

Sus métodos

La colmena tradicional se maneja de formas diversas, porque diversos son también los fines de los apicultores. Algunos métodos son poco conocidos, otros no dejan de entrañar cierto misterio.

En todo caso, contaré aquí lo que hacíamos en el colmenar de mis padres, donde siempre ha habido de 12 a 15 colmenas tradicionales del tipo acampanado.

Las colmenas se fabricaban durante las veladas del invierno, con paja de centeno, cosidas con fibra de zarza o con cordelería.

Su volumen rondaba los 40 litros. A las colonias más fuertes se les añadía, al principio de primavera, una extensión a modo de alza, pero por abajo, que puede ser un tamiz de madera, de los empleados en la cocina, pero sin la rejilla metálica. En otoño se asfixiaban todas las colmenas que pesaran más de 25 kg, y se recolectaba de ellas la miel y la cera.

Antes, en el verano, se habían introducido los enjambres en colmenas vacías. Algunos enjambres tardíos morían, y también se recogía la cera. En casa de mis padres siempre había miel en abundancia para todos, dueños y empleados, e incluso para los animales de la granja. Además, nos sobraba lo suficiente para regalar miel a todos los amigos del pueblo cada año.

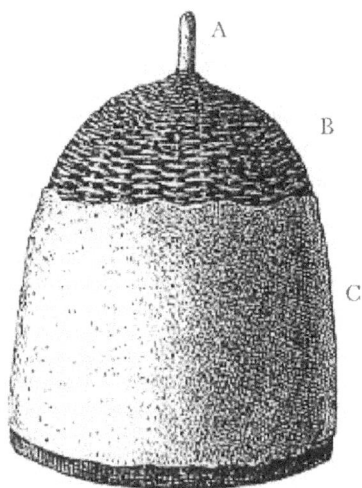

Colmena acampanada de mimbre: A - Asidero. B - Madera ligera. C -Recubrimiento hecho con una mezcla de arcilla y estiércol de vaca

101

La Colmena
Rústica,
Tradicional
o de
Campana

Colmena acampanada con recubrimiento de paja

Este proceder era simple y económico, pero cruel e ingrato también, e irracional, pues no nos permitía obtener el máximo de la producción. Pero, de cualquier forma, procuraba miel barata y abejas sanas y fuertes con las cuales repoblar las colmenas modernas, en las que la mortalidad es frecuente.

Un buen método

Si queremos aprovechar una colmena tradicional podemos operar de la siguiente manera. Al comienzo del gran flujo de miel, se toma un alza o cesto vacío al que se fuerza a las abejas a subir mediante el procedimiento que se explicará más adelante en el capítulo "trasiego". Recolectamos la miel y la cera y destruimos la cría.

Seamos inteligentes

Las personas se acercan a la apicultura por muy diferentes motivos: algunos por falta de azúcar, otros por la necesidad de un pequeño trabajo remunerado. Se establecen nuevos colmenares. Se amplían. Los pequeños apiarios ciertamente desaparecerán tan pronto como el azúcar vuelva a cotizar en el mercado libre. Pero habrá más colmenas que nunca. Habrá por lo tanto, una mayor producción de miel.

Pero ¿se mantendrá el nivel de consumo actual de miel? Sí, si la miel se vende al precio del azúcar, más bien más barata porque el azúcar es el único competidor de la miel. Uno no compra miel para reemplazar la mantequilla, compramos miel para reemplazar el azúcar.

La miel es el único azúcar higiénico, por supuesto. Pero el azúcar tiene un poder edulcorante más fuerte y es de manejo más fácil.

Los optimistas nos dicen que el público, obligado a usar miel durante algunos años, podría apreciar la cualidades y que seguirá siendo fiel a este producto. Y también que una publicidad inteligente continuará empujando al público hacia la miel. Yo no me creo nada de eso.

He hecho mucha publicidad en mi vida tanto de la miel como de las plantas medicinales. Tenía corresponsales, no solo en Francia, sino en todo el mundo: en Turquía, en la India, en China, en América, etc. Y he constatado que en todas partes hay hombres razonables que saben cómo someterse a las leyes de la naturaleza y la higiene, para tener una vida sin sufrimiento y una muerte tardía y sin dolor. Sí, pero ¡qué pocos! La mayoría de la gente prefiere una pastilla o una inyección a una taza de té de hierbas, un terrón de azúcar a una cucharada de miel, algunos por economizar, otros por comodidad, y muchos simplemente por hacer como todos los demás. Y como todos, contraen todas las enfermedades posibles, y como todo el mundo dan de vivir a médicos y farmacéuticos, y como todo el mundo, mueren antes y más dolorosamente. ¿Un antiguo sabio escribió que los hombres se matan comiendo? ¿Han cambiado los hombres desde aquella época? No lo tengo constatado.

El caso es que los apicultores tendrán que vender miel al precio de azúcar para competir, e incluso más barato si quieren hacer nuevos clientes, lo cuales necesitarán.

En estas circunstancias, ¿la apicultura seguirá mereciendo la pena desde un punto de vista económico? Sí, pero con la condición de emplear colmenas económicas y seguir un método económico para obtener miel a un precio de costo mínimo. Definitivamente este resultado no se puede lograr con las colmenas y métodos de moda de los cuales acabamos de hablar. Podremos, sí, pero con la colmena y el método que vamos a proponer.

103

LA COLMENA
RÚSTICA,
TRADICIONAL
O DE
CAMPANA

22

Origen de la Colmena del Pueblo

Decidido a trabajar con apicultura, me quedé asombrado frente a la variedad de diseños de colmena modernos.

La colmena modelo Dadant era la más común, y tenía la ventaja de permitir el uso del extractor, un invento muy útil. Pero las colmenas Voirnot y Layens, si bien criticadas desde puntos de vista diferentes, ya le hacían competencia a la Dadant.

Otro modelo de colmena acababa de aparecer. Era la colmena Congrés, de cuadros de 30 x 40 cm, en dos formas, una baja y otra alta.

Como no podía sacar una conclusión razonable a partir de las polémicas de dicha época, decidí adoptar todos los sistemas a los efectos de estudiarlos detenidamente.

Además, los estudios del monje Voirnot sobre el volumen de una colmena, me parecieron interesantes, aún más porque el Dr. Duvauchelle, mi primer maestro de apicultura, acababa de modificar su colmena, asignándole ocho cuadros de 30 x 40cm, lo que da una superficie total de panal de 9600 cm2. Como la colmena Voirnot tiene 10000 cm2 de panales, una cantidad tan similar, aparentemente el Dr. Douvauchelle tomó en cuenta las conclusiones del monje Voirnot relativas a la superficie de panal. Anteriormente su colmena tenía ocho cuadros de 28 x 36 cm, es decir, 8100 cm2 de panales.

Deseando estudiar a fondo este asunto crítico del volumen necesario para la colmena en el invierno, construí colmenas con nueve cuadros Layens, y colmenas de ocho cuadros de 30 x 40 cm, algunas bajas y otras altas. Estas colmenas tienen aproximadamente el mismo volumen de la Voirnot.

Como no quería basar mi experiencia en uno o dos tipos de colmenas, y queriendo experimentar con al menos una docena de cada modelo, tuve que construir 350 colmenas.

Para mi sorpresa, pude constatar en forma inmediata que las colmenas consumen menos alimentos cuando tienen paredes simples y están, por tanto, más expuestas al frío del invierno. Sin embargo, encontré la causa más razonable: en las colmenas de paredes simples, las abejas están aletargadas, en un sueño continuo, por el frío. Entonces, quién cena en esas condiciones? En cambio, en las abejas de paredes cálidas las abejas tienen más actividad, y necesitan por tanto más apoyo. Las paredes simples sirven para economizar provisiones, hasta 2 kgs de noviembre a febrero.

Pude constatar también que las cámaras de cría recubiertas de tablas o los panales cubiertos por hule se ennegrecen rápidamente por efecto de la humedad. En las cámaras de cría recubiertas de lienzo lo anterior no sucede.

Hemos aclarado las razones anteriormente.

Después de 15 años de observaciones, he pensado que puede extraer las siguientes conclusiones:

El Sr. De Layens, el abogado de los apicultores, tuvo razón cuando afirmó que la colmena Dadant exige demasiado tiempo y dinero. De Layens ideó un cuadro en forma inteligente, y logró una construcción de colmena fácil y económica. Sin embargo, no estuvo tan acertado en diseñar los cuadros en forma horizontal contra la cría, y evitando el elevar o descender cajas.

El monje Voirnot, el abogado de las abejas, estuvo acertado cuando criticó a la colmena Dadant de ser perjudicial para sus abejas por su gran volumen y el de su alza. La colmena Voirnot significa un gran progreso.

Resolví reanudar los experimentos de estos dos maestros de apicultura, con la esperanza de mejorar sus resultados, ya que tenía la ventaja de disponer de sus experiencias anteriores.

Finalmente, podríamos sacar la siguiente conclusión: el volumen de la colmena Voirnot es suficiente, aunque sería mejor más pequeño, porque cuanto menor es la cámara de cría, menor es el consumo en invierno. Sin embargo, se logró pasar mejor el invierno utilizando cuadros altos, como el de Layens y el de 30 x 40 cm.

Nuestra preferencia se dirigió al cuadro de 30 x 40 cm, porque nos facilitaba los cálculos. Además, la forma de una colmena de ocho cuadros de 30 x 40 cm es similar a la forma de un enjambre, y permite que las abejas almacenen más miel en su nido, permitiendo una buena invernada, incluso en inviernos con fríos prolongados. Además, esta forma facilita el desarrollo de la cría en la primavera. Cuando las abejas desean descender la cría un centímetro, deberán calentar dicho cm en toda la superficie de la colmena. Este superficie varía entre 900 cm2, en nuestra Colmena del Pueblo, hasta 2.000 cm2 en la colmena Dadant. A partir de estos datos, es evidente que el trabajo de las abejas se verá facilitado en nuestra colmena. Además, ocho cuadros de 30 x 40 cm nos proveen de la superficie necesaria, pero además le dan a la base de la colmena una forma cuadrada. La colmena de base cuadrada es la que más se aproxima a la colmena cilíndrica, que es la ideal en cuanto al ahorro de energía calórica. Sin embargo, su dificultad de construcción la hace inviable.

Además la colmena de base cuadrada nos permite colocar los panales en posición "caliente" durante el invierno, y en posición "fría" durante el invierno.

Yo había obtenido, entonces, una colmena de ocho cuadros de 30 x 40 cm, perfecta para el invierno. Pero en verano las abejas deben disponer de mayor espacio para almacenar la miel, quizás, de dos o tres veces su volumen de invierno.¿Qué hacer? ¿Colocar alzas o media alzas? Entonces estaríamos incurriendo en los mismos errores atribuidos a Dadant: pérdida de tiempo y enfriamiento de la cría. Pero encontramos otros problema adicional. Como los cuadros son altos, pueden colocar algo de miel en su parte superior; entonces no pasarán al alza, porque difícilmente pasan por arriba de la miel.

¿Colocar otro cuerpo de colmena por debajo, como lo hiciera el monje Voirnot en sus apiarios? Para muchas colmenas, el resultado fue bueno. Las abejas llenaron la caja superior con miel y ellas se asentaron en la caja inferior. Lo que hacemos nosotros es retirar la caja superior para cosechar su miel, y en primavera colocamos dicha caja debajo del nido.

Como resultado, todo el trabajo de apicultura se simplificó. En la primavera, desplazamos la colmena, pero sin destaparla. No tenemos que limpiar los cuadros ni renovar los cuadros viejos: esas tareas las hemos realizado en el laboratorio cuando cada cuerpo de colmena pasó por nuestras manos una vez cada dos años.

La ampliación de una colmena colocando por debajo un cuerpo de colmena, también es un gran progreso. Ya no es necesario destapar las colmenas para ver la cría. Esta ampliación puede hacerse muy temprano, sin correr peligro de enfriar la cría; también para evitar la enjambrazón. Además, puede hacerse tanto para las colmenas débiles como las fuertes.

Sin embargo, no siempre las abejas llenaron la caja superior con miel. Hubo ocasiones en que encontramos cría en la parte inferior de los panales y miel solo en su parte superior. La cosecha se tornó dificultosa. Entonces mis auxiliares me sugirieron: "deberíamos cortar al medio a este cuerpo de colmena". Lo hemos reemplazado por dos cajones obteniendo el mismo volumen con la misma forma. Lo mismo hicimos con la caja inmediata inferior. Cosechamos las alzas llenas de miel de arriba, una o dos, y dejamos las siguientes dos cajas para el invierno. Quitamos las que sobran, si fuera necesario.

En primavera, colocamos una o dos cajas por debajo.

Una noche, se canceló una orden de compra por doce enjambres. Yo tenía colmenas vacías para ocupar, pero solo disponía de cera en relieve sólo para dos colmenas. En las otras, coloqué láminas de cera en bruto en la parte superior de los cuadros, ayudándome mucho con el cuchillo para que quedaran parejas. Pero me encontré con que las colmenas con cera en bruto, las abejas estiraron panales con más rapidez que las dos colmenas con cera en relieve. Además, los panales eran más uniformes. Así que a partir de ese momento continúe usando láminas de cera en bruto, y nunca tuve que lamentarlo.

La Colmena del Pueblo ya había sido creada.

Una nueva mejora estaba planteada. Si eliminamos los cuadros de madera y construimos una colmena de panales fijos, sin cuadros, estaremos otra vez economizando, porque la colmena podrá ser de 36 litros en lugar de 44. Así creamos la Colmena del Pueblo con panales fijos. En ella constatamos un ahorro adicional de tres kilogramos de miel respecto a la Colmena del Pueblo con cuadros.

Teníamos entonces dos colmenas:

La Colmena del Pueblo de panales fijos (sin cuadros)

La Colmena del Pueblo con cuadros.

La primera es la "colmena perfecta", pero no es aplicable a grandes explotaciones porque no permite el uso del extractor centrífugo. La segunda, la Colmena del Pueblo con cuadros, es muy superior a muchas colmenas modernas, pero de rendimiento inferior a la primera, aunque aplicable a grandes emprendimientos apícolas.

Desde entonces, hemos buscado y al fin encontrado, un sistema de jaulas muy simple que permite extraer por centrifugación la miel de los panales fijos. Hemos encontrado, pues, la "Colmena del Pueblo" de panales fijos por excelencia:

Fácil de construir, de bajo costo (sin cuadros, sin cera estampada). Solamente hay que abrirla una vez al año. Menor reserva de provisiones para el invierno: 12 kgs en vez de 15 a 18. Respeto por las leyes de la naturaleza. Menos enfermedades.

23

Construcción de
la Colmena del
Pueblo de Panales
Fijos

La Colmena del Pueblo de panales fijos consta de un piso, tres cajas iguales y un techo. El piso es de las mismas dimensiones exteriores de las cajas, y consta de 15 a 20 mm de espesor. La entrada a la colmena se encuentra a través del espesor del piso. Esta entrada tiene el mismo espesor del piso, una longitud de 12 cm, y una profundidad de 4 cm si las paredes de las cajas tienen un espesor de 2 cm. Esta muesca en el piso está cerrada debajo por una tabla de 16 x 16 cm. Esta tabla está colocada de manera que una parte, de 7 x 16 cm, sobresale hacia adelante. Se le puede dar a esta tabla una longitud total de 41 cm para consolidar el piso.

Las cajas van directamente colocadas una sobre la otra, y la inferior, sobre el piso, sin clavar. La cantidad promedio de cajas es de tres. Dos de ellas conforman el nido de cría durante el invierno y la primavera. La tercer caja se agrega solamente en la mielada o flujo de néctar. Las tres cajas tienen las mismas dimensiones. Todas tienen 21 cm de altura, y 30 cm ancho y longitud (dimensiones interiores de la caja).

En la parte superior de cada caja, en dos caras opuestas, se

Construcción
de la
Colmena
del Pueblo
de Panales
Fijoso

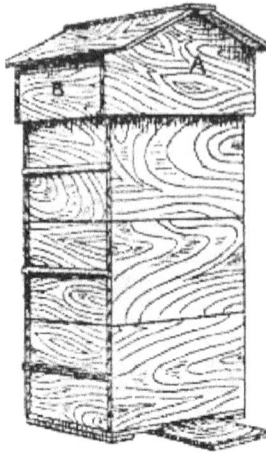

realizan muescas para permitir el apoyo de los listones porta-pana-les. Estos cortes son de 1 x 1 cm. El espesor de las paredes de las cajas debe ser de por lo menos 2 cm.

En las dos caras exteriores y opuestas de cada caja se colo-ca un taco (agarradera) para facilitar su manejo. Cada caja lleva ocho listones porta-panales (top bars). Estos listones porta-panales tienen las siguientes dimensiones: 0,9 x 2,4 x 31,5 cm. Son fijados en las muescas de las cajas con un pequeño alfiler, llamado "vidri-ero". Los listones se colocan a una distancia de 3,6 cm de centro a centro. Entre dos de ellos hay, por lo tanto, un vacío de 1,2 cm para el libre pasaje de las abejas. Hay también un espacio de 1,2 cm entre los listones extremos y las paredes adyacentes del caja. Estos vacíos permiten la construcción completa de los panales.

El techo se ajusta al caja superior con una tolerancia de 1 cm. Contiene un lienzo que cubre las top bars, y también un alza aislante.

Esta alza aislante tiene las mismas dimensiones de largo y ancho exteriores que las cajas, pero una altura de solo 10 cm. Su parte inferior está forrada con un lienzo. El techo tendrá 12 cm de altura, es decir, la altura del alza aislante más dos centímetros. Esta parte cúbica del techo está cubierta por tablas que al mismo tiempo protegen al alza aislante.

La parte superior del techo está vacía y abierta hacia los cu-atro lados. Hay una pasaje de aire a través de las partes superiores de las caras A y las caras B del techo.

Hemos dicho que se incluye un lienzo que cubre los listones porta-panales de la caja que está debajo del alza aislante. Este lienzo sirve para evitar que las abejas peguen dichos listones al alza aislante. Puede obtenerse cortándolo de una bolsa en desuso. Sus dimensiones mínimas deberían ser 36 x 36 cm.

Para evitar que las abejas accedan al lienzo, se lo humedece con pegamento en pasta. Para que resulte de la forma y tamaño deseados, se lo coloca mojado sobre el caja. Cuando se seca, se cortan los excendentes de lienzo en los bordes exteriores del caja. Si realizáramos el corte antes de humedecerlo, entonces no obtendríamos las dimensiones que deseamos.

113

Construcción
de la
Colmena
del Pueblo
de Panales
Fijoso

Pegamento en Pasta

Para fabricar el pegamento, se debe mezclar en un litro de agua, cuatro o cinco cucharadas de harina de trigo, o mejor aún, de centeno. Se deja hervir, revolviendo con una cuchara hasta obtener una pasta homogénea. Será conveniente agregar un poco de almidón a la harina.

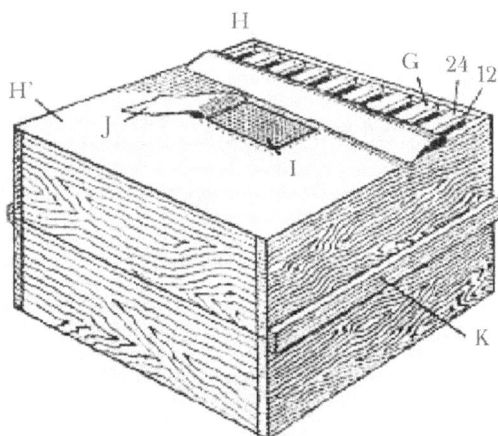

Caja de la Colmena del Pueblo: En G, ocho listones porta-panales reposan en una ranura. Tienen un ancho de 24 mm y están separados entre sí por un espacio vacío de 12 mm. En H está el lienzo que siempre cubre el caja superior. En I, está un lienzo metálico que cierra una muesca en el lienzo anterior. En J está otro lienzo que puede cubrir la malla de alambre. Esta disposición permite alimentar con copas en posición invertida. Nosotros preferimos emplear nuestro alimentador grande. En K está la agarradera para facilitar la manipulación de las caja; debe evitarse reemplazarla por un hoyo en la pared del caja o una agarradera de metal, porque el manejo se haría más dificultoso.

Construcción
de la
Colmena
del Pueblo
de Panales
Fijoso

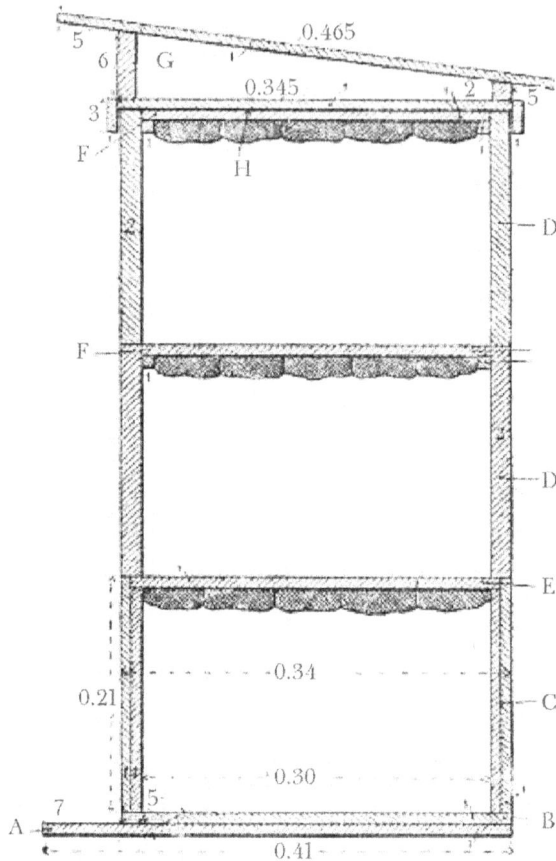

Corte en Sección de la Colmena del Pueblo: Aquí vemos las cajas D, construídas con madera de 2 cm de espesor. El caja inferior C está compuesta de dos maderas de 1 cm de espesor superpuestas, como las que se usan en envoltorios viejos. Lo anterior es para demostrar lo que puede hacerse para ahorrar dinero. Se pueden adoptar otros espesores diferentes, pero es importante mantener siempre las dimensiones interiores de cada caja: 30 x 30 x 21 cm. En F, los porta-panales se apoyan en tacos, que son más fáciles de construir que las ranuras, aunque dificultan el acceso a los panales. En E, los porta-panales se apoyan en un espesor de madera que forma un surco. Los "cebos" o iniciadores de cera están por debajo de los porta-panales.

En la ilustración la Colmena del Pueblo está cubierta por un techo económico (no figura el alza aislante).

Piso de la Colmena del Pueblo. Las dimensiones están indicadas para una colmena cuyas cajas están construidas con madera de 2 cm de espesor. Los listones A y A* no tienen por qué tener un ancho fijo, solamente será necesario cuando utilicemos nuestros pies de hierro fundido. En este último caso, su ancho deberá tener 6 cm como mínimo.

Construcción
de la
Colmena
del Pueblo
de Panales
Fijoso

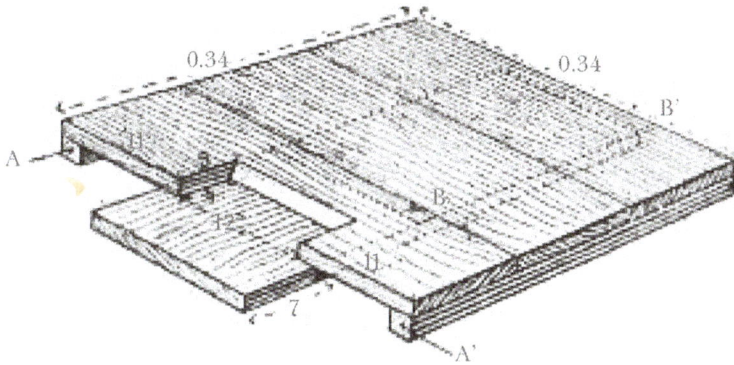

Techo tipo chalet de la Colmena del Pueblo:

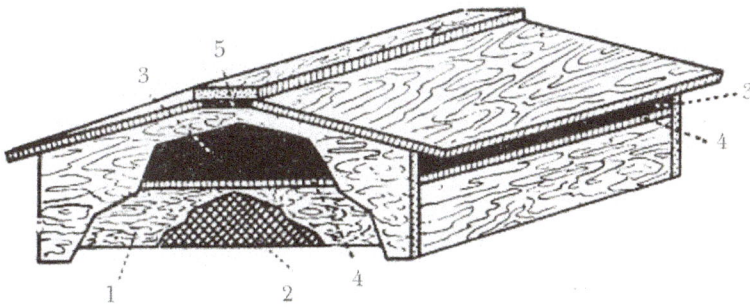

1 - Alza aislante de madera de 10 cm de altura

2 - Lona fijada por debajo del alza aislante, para soportar el material aislante: paja, aserrín, etc.

3 y 5 - Parte vacía que permite un flujo de aire continuo.

4 - Tablero aislante que impide el ingreso de ratones en el alza aislante. Está fijo al techo.

5 - Hueco resultante de la unión de los dos planos del techo.

Construcción
de la
Colmena
del Pueblo
de Panales
Fijoso

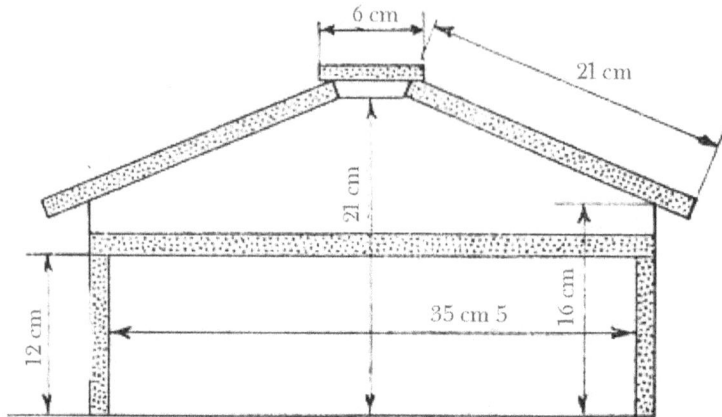

Corte de sección del techo chalet

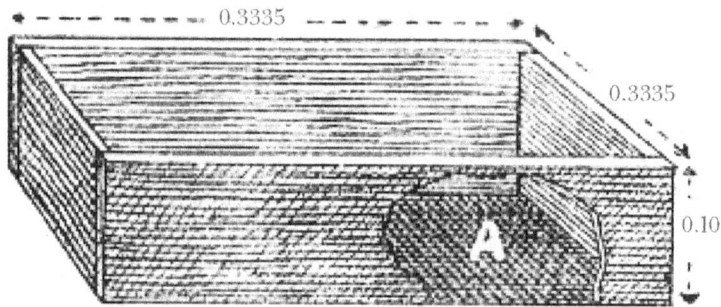

Alza aislante: A - Envoltura de lona o tela vieja.

TECHO ECONÓMICO DE LA COLMENA DEL PUEBLO

El techo-chalet es muy elegante y estético. Éste que proponemos ahora es útil y más económico. Sin embargo, es preferible darle a los tacos C y C* un ancho de 16 cm, en lugar de 4, para permitirle cubrir por completo el alza aislante, que tiene 10 cm de altura y excederlo en más de 2 cm por debajo.

Observación: lo fundamental, en la Colmena del Pueblo, es asignar a cada caja las dimensiones internas establecidas: 30 x 30 x 21 cm., con una muesca de 1 x 1 cm. Las dimensiones exteriores pueden variar dependiendo del espesor de la madera utilizada. El piso debe tener como máximo las dimensiones exteriores del caja. Es preferible dejarle 1 cm de menos en cada lado, para evitar la retención de agua.

El alza aislante debe tener en largo y ancho las mismas dimensiones exteriores de las cajas, menos 5 mm, para facilitar el trabajo. El techo debe recubrir por completo al alza aislante, más 2 cm de la caja superior, y con una luz mínima de 1 cm para facilitar el trabajo.

CONSTRUCCIÓN
DE LA
COLMENA
DEL PUEBLO
DE PANALES
FIJOSO

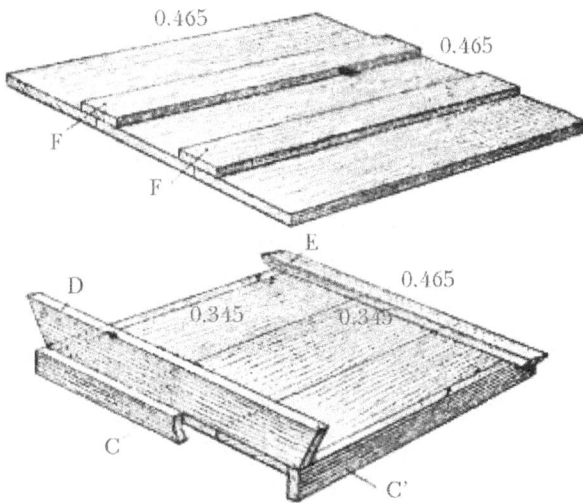

24

Por qué la Colmena del Pueblo

Es necesario considerar tanto la altura como la forma de los pies de la colmena; ambos son importantes.

Primero, la altura: los apicultores a menudo le dan mucha elevación a los soportes de la colmena. Todos desean sentirse cómodos. Ellos no desean tener que agacharse. Pero yo estimo que nuestras colmenas necesitan abrirse muy pocas veces, con mucho menos frecuencia que las demás colmenas en general.

En consecuencia, es un pequeño sacrificio que les solicito a mis lectores, por serias razones, cuando les aconsejo que coloquen sus colmenas a 10 o 15 cm del suelo.

Colocadas sobre un soporte elevado, las colmenas tienen como desventajas las variaciones de temperatura y los vientos.

La compra o fabricación de estos soportes constituyen además un costo significativo. He visto soportes fabricados con marcos de madera, cuya cantidad habría sido suficiente para construir un cuerpo de colmena de doble pared.

Sé muy bien que se podría economizar utilizando dos vigas livianas de madera o hierro. Éstas estarían apoyadas, espaciadas a su largo, en una ligera mampostería; podrían tener el largo suficiente para soportar todo el apiario. Las colmenas podrían ubicarse sobre dichas vigas, manteniendo una separación entre ellas de 75 cm de centro a centro. Lamentablemente, esta disposición tiene la desventaja de los apiarios bajo techo. Una vez que se abre una colmena, todas las vecinas lo notan y comienza su zumbido. Por lo tanto, cuando se visita una colmena se produce un consumo de miel intempestivo, además de incitar el pillaje y enojar a las abejas.

La elevación exagerada de las colmenas hace también que se pierdan muchas abejas pecoreadoras. No es raro que estas valientes obreras lleguen muy cargadas, no logren aterrizar en la puerta de la colmena y caigan al piso. Ascenderán con dificultad hasta la colmena elevada.

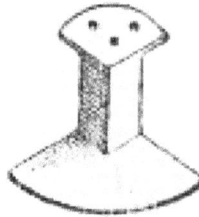

Pie de colmena de hierro fundido.

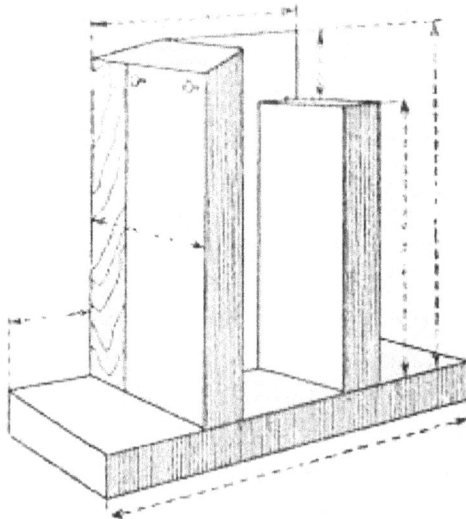

Base de colmena de madera que se fija a cada esquina del piso con cuatro clavos.

Es cierto que podríamos colocar un tablón entre el suelo y la entrada de la colmena. Pero es un nuevo gasto, y no evitará que algunas abejas caigan por el costado.

Se podría decir también que la ubicación de la colmena en un sitio elevado permite proteger, tanto al cajón como a la colonia, de la humedad de la tierra y de las hierbas circundantes. Pero yo creo que no deberían existir nunca hierbas alrededor de las colmenas. Las hierbas son la tumba de las abejas. Cuando una abeja cae allí se encontrará con la sombra, el fresco y luego el frío, pero nada que la caliente y la reanime. Por el contrario, si cae sobre el suelo desnudo, podrá recibir directamente los rayos del sol, hasta el último. A menudo tendrá tiempo para descansar lo suficiente para subir finalmente a su colmena.

¡Pero la humedad del suelo! Una colmena colocada a 10 cm del piso estará perfectamente protegida de su humedad, si la vegetación alrededor es eliminada y si no tiene una abertura para ventilación por debajo.

Obviamente, las bases de baja altura facilitan el retorno a la colmena de abejas extraviadas en sus alrededores.

Por lo tanto, es suficiente y preferible no dotar a las bases de la colmena con una altura superior a 10 cm.

¿Pero qué forma debería darse a estas bases de colmenas? Descartamos el uso de largas vigas para soportar muchas colmenas. Ya hemos dado las razones anteriormente. Existen en el mercado bases de hierro fundido. Utilizando éstos, se logra que el piso de la colmena quede bien aislado del suelo, pero tienen la desventaja de exigir el uso de baldosas en su apoyo, para evitar que se hundan en la tierra.

Hemos perfeccionado este pie de colmena: tiene forma de pata de pato, no se hunde en la tierra, simplifica los manejos, aumenta el área de apoyo de la colmena.

Nosotros también hemos diseñado un pie de madera con las mismas cualidades que el pie de hierro fundido, exceptuando la solidez. Sin embargo, es más económico y puede ser fabricado sin herramientas especiales a partir de cortes de madera de descarte.

Estos pies pueden ser sustituidos por bloques de construcción o ladrillos huecos. Estos, que tienen 11 cm de arista, aíslan bien el piso de la colmena y son más económicos. Podrían sustituirse por dos ladrillos comunes superpuestos en el piso. Pero así pasaría más humedad, además de requerir más mano de obra. Además, deberían ser renovados periódicamente. Claramente, estos ladrillos no simplifican el trabajo como nuestros pies de hierro fundido.

PISO DE LA COLMENA

El piso tiene como propósito cerrar la colmena por debajo, y permitir el ingreso de las abejas, así como del aire de afuera.

¿De qué madera debería estar construido el piso? Cuanto más espesor tenga el piso, más duradero será. Sin embargo, si es muy grueso, será más difícil su manipulación; pero si es demasiado fino, no resistirá la intemperie, ni tampoco los golpes que recibirá con el tiempo.

Un espesor de entre 15 y 20 mm será suficiente, más teniendo en cuenta que el piso está reforzado por restos de bases.

¿Cómo debería ser la entrada de las abejas? En general se le ha dado una longitud igual al ancho de la colmena, y una altura de entre 1 y 2 cm. Yo soy de la opinión de que ese tipo de entrada, que llega a veces a los 40 cm de longitud, es perjudicial en muchos casos. En el transcurso del invierno, la población suele disminuir, y puede no ser capaz de defender la colmena en un frente tan ancho. Los defensores de estas amplias entradas dirán que las achican de ser necesario. Pero pueden olvidarse de este detalle. De todas maneras, es un trabajo extra que no deseamos.

Por lo tanto, tenemos razones para preferir para la Colmena del Pueblo una entrada de 12 x 1,5 cm. Nos gustaría señalar que preferimos las dimensiones anteriores a la de 20 x 1 cm, a pesar de que las dos proporcionan prácticamente la misma área. Con una entrada de 12 x 1,5 cm las abejas tiene menos caminos para ingresar, y es por esto que una colmena débil podría defenderse más fácimente.

Por supuesto, en invierno nosotros reducimos esta entrada nuevamente.

Una puerta de metal deja solo una abertura de 7 x 0,75 cm, para evitar el ingreso de roedores. Además, en invierno no hay tránsito de abejas en gran número. Esta pequeña abertura sirve, entonces, sólo para la ventilación de la colmena.

La abertura de 12 x 1,5 cm permite también el pasaje de las abejas en una colmena fuerte. Es suficiente, para notarlo, observar las idas y venidas de las abejas en plena floración. Esta abertura es también suficiente para ventilar la colmena, es decir, permitir el ingreso de aire fresco para sustituir al aire caliente liviano que asciende y sale al exterior por arriba. No olvidemos que una colmena, mismo en el verano, no contiene más de 30 a 35 litros de aire. Para permitir el acceso de dicho volumen de aire no es necesario disponer de una gran abertura, más teniendo en cuenta que ese cubo de aire no debe renovarse sin razón. Volveremos a hablar sobre ello en el título: "Ventilación de la Colmena".

¿Por qué, entonces, colocar entradas con malla en el piso, y poner entradas opuestas a la entrada principal? Todas estas entradas complican la construcción de la colmena e incrementan su costo. Son inútiles, porque la única entrada, de la que ya hablamos anteriormente, es suficiente para la aireación de la colmena. Más aún, esas otras entradas son perjudiciales.

La abertura sobre el piso en la pared opuesta a la entrada principal hace más difícil la defensa de la colonia. También puede formar corrientes de aire frío en invierno que arrastra abejas fuera del grupo y las compromete a una muerte segura sobre el piso.

Una abertura hecha en el mismo piso de la colmena es siempre un depósito de restos de cera y abejas muertas, además de un escondite seguro para insectos, especialmente la polilla de la cera. Esta abertura permite que la humedad del suelo ascienda más fácilmente en la colmena. Sin embargo, siempre hay demasiada humedad en la colmena.

Cuando examinamos los diferentes sistemas de colmenas, vemos que los pisos siempre están unidos a los cuerpos de colmena, por métodos muy diferentes.

Estos pisos resultan siempre difíciles de limpiar, aún en colmenas que se dicen ser automáticas.

Para nuestra Colmena del Pueblo, preferimos el diseño de piso que hemos descripto.

El cuerpo de colmena consiste en dos cajas fácilmente maniobrables. Sin abrir estas cajas, podemos quitarlas, colocarlas a un lado sobre tacos y ocuparnos libremente del piso: limpiarlo, verificar que esté nivelado, limpiar el suelo debajo del piso.

Luego colocamos las dos cajas sin abrir sobre el piso. No hay peligro de aplastar abejas ni de enfriar las crías.

Cámara de Cría

La Cámara de Cría es como llamamos a la parte de la colmena que alberga la colonia y las provisiones para invierno. Aquí, la Cámara de Cría está formada por dos cajas.

Es importante tomar en cuenta especialmente el volumen de la Cámara de Cría, que debe ser el menor posible para reducir el consumo de provisiones. Esto se debe a que la abeja come para alimentarse, pero también para calentarse. Sin embargo las Cámaras de Cría varían su volumen desde 36 litros (colmena del Pueblo) hasta 55 litros (colmena Dadant).

Obviamente, las abejas consumirán más en una cámara de cría grande que en una pequeña. Me atrevo a afirmar que la diferencia es de 3 a 5 kgs. Y esto todos los años. Para el apicultor significa una pérdida que duplicará rápidamente el precio de su colmena.

Las colmenas grandes también tienen la desventaja de mantener adentro a sus abejas en los primeros días lindos, un tiempo en que podrían ser capaces de encontrar mucho polen y néctar afuera. Las colmenas grandes no producen colonias fuertes; actúan sobre la fertilidad de las reinas solamente para retrasar su manifestación.

Obviamente, se podrían colocar particiones o tabiques en las colmenas grandes para hacer disminuir su tamaño. Sin embargo, estas particiones tienen muchas desventajas. En otoño, ellas impiden el almacenamiento libre de las provisiones para invierno. Si no se cierran, son inútiles; y si se cierran, resultan pegadas con propóleo, lo que hace muy dificultoso el moverlas. Necesitan golpearse para despegarse, pero a los golpes las abejas responden con agresividad. Además, cualquier movimiento de los tabiques será para el apicultor una tarea extra, y para las abejas causa de enfriamiento y descontento.

Sin embargo, el volumen de la cámara de cría deberá ser suficiente. Debe permitir el almacenamiento de la miel para el invierno, la localización de las abejas debajo de las provisiones de miel, y la postura de la reina en la primavera.

Pero debemos notar que durante el invierno y los primeros días de primavera, las necesidades de las abejas son muy similares en todas las colmenas, porque éstas no han adquirido aún mucho vigor. El diámetro de la pelota de abejas solo difiere uno o dos centímetros entre una colonia y otra.

El Padre Voirnot, que ha estudiado este asunto con profundidad, ha concluido que 10.000 cm2 de panales son suficientes para el invierno y la primavera temprana. El Dr. Dauvauchelle, quien fue nuestro primer maestro de apicultura, convencido de que las colmenas pequeñas son preferibles, había diseñado una colmena con ocho cuadros de 28 x 36 cm, resultando 8.000 cm2 de panales. Más adelante en el tiempo, él aumentó el tamaño de su colmena, resultando una de 9.600 cm2 de panales. Esto muestra su coincidencia con las conclusiones del Padre Voirnot. Nosotros también hemos constatado que estos dos maestros estaban en lo cierto en este punto.

Panales

Los panales pueden ser móviles o fijos. Se los conoce como "móviles" cuando están encerrados en un cuadro de madera, como en las colmenas modernas. Pero debe tenerse en cuenta que solo son realmente móviles cuando se limpian todos los años.

Se dice que los panales son fijos cuando no están rodeados de un marco de madera, y además, las abejas los unen a las paredes de las cajas. Dado que estos panales están fijados con cera, en realidad son más "móviles" que aquellos cuadros móviles fijados con propóleo.

Nosotros preferimos los panales fijos por varias razones:

En primer lugar, los cuadros son costosos, y, como ya hemos dicho, a menudo resultan inútiles. Además, los cuadros incrementan el volumen de la cámara de cría.

Antes solíamos presentar dos Colmenas del Pueblo: una con cuadros y la otra con panales fijos. La colmena con cuadros tiene un volumen de 44 litros, la colmena con panales fijos, uno de 36 litros. Esto, porque los cuadros ocupan volumen. Como hemos dicho antes, las colmenas con cámaras de cría grandes son nocivas para las abejas y para el apicultor. En la colmena de cuadros encontramos que el consumo invernal de miel es de 3 kg superior al de la colmena de panales fijos.

Los cuadros pueden diferir también en su forma: pueden ser "bajos" como es la Dadant, o "altos", como la Layens, o "cuadrados" al estilo Voirnot.

En muchas colmenas comunes que las abejas han habitado durante siglos, hemos encontrado frecuentemente un largo de 30 cm, y una altura entre 60 y 80 cm. El cuadro Layens y el cuadro Congres alto, que nos han dado buenos resultados, tienen un largo de 31 y 30 cm, respectivamente. Esta medida de largo y ancho nos permite obtener una cámara de cría de base cuadrada. Esta forma es, después de la cilíndrica, la que mejor distribuye el calor dentro de la colmena. Además, puede ser alargada verticalmente, como es el bolo de abejas; permite a las abejas colocar la miel en la parte superior de la colmena, instalándose ellas mismas debajo de la miel, permitiéndoles insertar la parte superior de su nido dentro de la miel, como nuestra cabeza se coloca dentro de nuestro sombrero. Esta es la mejor disposición frente a la invernada.

En el bolo de invierno sólo encontramos vida activa en la parte superior y en el centro, zonas donde hay suficiente calor. En los bordes de dicho bolo invernal las abejas están entumecidas, medio muertas.

Es cierto que todas las abejas tienen su turno en el centro del bolo para calentarse y alimentarse. Pero no tendrán la energía suficiente como para alejarse de él. Esto explica por qué las abejas en cuadros largos y angostos pueden a veces morir de hambre a pesar de tener abundantes provisiones a su lado. En tiempo frío no se desplazan con facilidad en forma horizontal, de cuadro a cuadro, o tampoco en el mismo cuadro. Como contrapartida, se desplazan fácilmente en dirección vertical, de abajo hacia arriba, porque este movimiento las acerca a la zona caliente que está siempre en la parte superior de la colmena.

El padre Voirnot había pensado que el cuadro Dadant debía rediseñarse. Pero se quedó con el cuadro cuadrado de 33 cm, dada la importancia que le daba a la forma cúbica de la cámara de cría. Esta forma es digna de tomarse en cuenta, porque disminuye la superficie de la colmena, y como consecuencia las pérdidas de calor por radiación.

Pero la radiación es mínima en el interior de la colmena.

En la cámara de cría lo que importa tomar en cuenta es el calor encerrado, que se presenta en capas superpuestas, estando las más calientes en zonas más elevadas.

Sin embargo, estas mismas capas de calor serán tanto más profundas cuanto menos anchas; ellas recalentarán a las abejas mejor cuando los panales no sean tan anchos.

El panal alto es superior en invierno, pero también lo es en la primavera. Cuando en una colonia se agranda la cámara de cría un centímetro, ella deberá calentar ese centímetro adicional en toda su sección. Deberá calentar 2.000 cm3 en la colmena Dadant, y sólo 900 cm3 en la Colmena del Pueblo. Es por eso que adopté para el panal un largo de 30 cm y dos alturas de 20 cm. Estas dos superpuestas tienen todas las ventajas de una sola altura de 40 cm. Esta disposición, sin embargo, deja un espacio de 13 mm entre las cajas superpuestas. Estos 13 mm están comprendidos por los 9 mm de espesor de los "top bars" (listones porta panales), sumados a los 4 mm de vacío que dejan las abejas debajo de sus panales. Estos 4 mm corresponden al espesor del cuerpo de la abeja, ya que ésta cuando está trabajando con su vientre en el aire, no puede prolongar el panal en donde se encuentra su cuerpo.

Este espacio vacío es conveniente en invierno ya que facilita las comunicaciones entre las abejas del bolo invernal. Si este vacío no existiera las abejas deberían abrir pasajes en los panales, como lo hacen en los cuadros de otros tipos de colmena.

Sin embargo, considero este espacio vacío como un defecto, ya que deberá ser calentado casi en forma innecesaria en la primavera. Un defecto único y mínimo, junto a las ventajas de esta disposición. Un defecto mucho menor que el de las colmenas modernas, en las que las abejas deben calentar innecesariamente espacios mucho mayores.

Además, para evitar dificultades al apicultor en el momento de poner en orden las provisiones para el invierno, así como para evitar que las abejas tengan múltiples espacios vacíos en medio de la cámara de cría, adopté panales de 20 cm y no más angostos, como es usual en las colmenas divisibles comunes.

Si bien un panal alto puede tener ventajas en el invierno e incluso en la primavera temprana, puede tener inconvenientes en el verano. Si hay provisiones remanentes y hay un pequeño ingreso de néctar, puede darse que quede una banda de miel en la parte superior del panal. Las abejas sienten una gran aversión a pasar por sobre la miel. Difícilmente subirán al caja y a menudo preferirán enjambrar. Es por eso que las cajas serán ocupadas más rápidamente en colmenas de cuadros angostos.

En la Colmena del Pueblo, tenemos las ventajas que tienen los cuadros altos sin sus inconvenientes, porque la ampliación de la colmena se realiza por debajo.

CUERPOS DE COLMENA

Si bien una cámara de cría es suficiente para las abejas en invierno y en la primavera temprana, en el verano hace falta una colmena más grande, que comprenda una cámara de cría y una o más cajas. En la Colmena del Pueblo consideramos como mínimo tres cajas suplementarias. Hemos tenido colmenas que ocupaban siete cajas.

La cantidad de cajas necesarias varía según el aporte nectarífero de la región, así como con la fecundidad de la reina. Por lo tanto es prudente tener a disposición varias cajas suplementarias, sobre todo, en los apiarios pequeños. En los grandes, siempre hay algunas colmenas vacías, cuyas cajas podemos utilizar.

La Colmena del Pueblo es una colmena pequeña durante el invierno, pero en verano puede ser tan voluminosa como las de mayor tamaño.

Cabe señalar que las cajas se colocan una encima de otra sin ningún tipo de fijación. Podrían clavarse entre sí, o utilizar un alambre entre dos puntos fijos, pero esto no es necesario, salvo cuando se deseen trasladar. Normalmente, el peso de las cajas no permitirá que el viento las mueva. Además, las abejas las fijan una a la otra con propóleos.

LAS PAREDES

Las paredes más higiénicas son las de las antiguas cestas en forma de campana, fabricadas de paja o mimbre, cubiertas con un revestimiento adecuado. Estas son cálidas en invierno y frescas en verano, y son permeables en todo momento. No retienen la humedad. Atenúan las variaciones de temperatura. En la práctica, como necesitamos un material standard y una forma cúbica, le damos preferencia al uso de la madera, que nos demandará menos supervisión y mantenimiento. Las abejas son más frecuentemente molestadas por roedores en la paja.

La madera es más resistente a los roedores, a los insectos y a la intemperie. Si fuera necesario, una capa de pintura blanca se aplica con facilidad sin necesidad de efectuar ninguna transferencia de abejas.

Nosotros optamos por paredes de madera de 24 mm de espesor.

En realidad, 20 mm de espesor son suficientes. Pero preferimos 24 mm solamente por su mayor solidez. Con este espesor hay menor juego en las maderas. Y además, las abejas salen más temprano en la mañana porque sienten más rápidamente el calor ambiental

Paredes de mayor espesor aumentan el peso de la colmena y también su costo.

Las paredes dobles tienen los mismos inconvenientes. Además, es prácticamente imposible retener el aire en el interior, entre paredes, para que sea aislante y de esa manera, útil.

Los materiales aislantes que podrían colocarse en el espacio entre paredes, a menudo son costosos; a veces absorben la humedad y pierden su capacidad aislante.

Además, las paredes aislantes no cumplen su cometido. En la primavera, demoran la partida de las abejas. Durante el invierno, no permiten economizar provisiones. Por el contrario, las abejas se encuentran más activas y consumen más alimentos. Con mayor frío, se encuentran entumecidas y requieren menos provisiones.

Es cierto que en tiempos de nieve, un rayo de sol hará que salgan más abejas de las colmenas de paredes delgadas que de aquellas con paredes gruesas. Algunas permanecerán sobre la nieve o sobre la plancha de vuelo y morirán allí. Pero la cantidad de varios miles de abejas de la colmena no disminuirá apreciablemente. Además, aquellas que mueren suelen ser abejas viejas, débiles, inútiles.

Evidentemente, si las abejas en colmenas de paredes delgadas son más sensibles al calor ambiental del día, también lo son al frío de la noche. Pero durante la noche la presencia de abejas dentro de la colmena compensa la falta de calor.

Y no olvidemos que la comodidad destruye a las razas, que el esfuerzo, como ha dicho Pourrat, es la condición de la vida, y la adversidad es su entorno.

En teoría, la madera blanca es superior. Desgraciadamente, ella se mueve mucho. Nosotros optamos por la del abeto de Jura.

Hay apicultores que prefieren el ensamblado de media madera. Nosotros preferimos el ensamblado plano. Es mucho más económico y no requiere herramientas profesionales. Utilizando clavos de 60 o 70 mm y madera bien estacionada, resultará satisfactorio.

En cualquier caso, nosotros preferimos la madera cepillada en ambas caras, para tener regularidad tanto en el exterior como en el interior. De lo contrario, el agua de lluvia se acumulará en las partes más sobresalientes, y la limpieza será más dificultosa.

El Techo

El techo de la Colmena del Pueblo está dispuesto de forma tal que deja bajo su tapa un vacío importante. El aire circula libre y rápidamente en este espacio vacío. Este espacio es demasiado voluminoso para que una tela de araña alcance a paralizar la circulación del aire. Bajo este tipo de techo he constatado una temperatura más uniforme, incluso cuando la colmena está expuesta directamente al sol.

Mientras estuve en el frente, tuve oportunidad de observar varias construcciones ligeras militares. Los techos estaban formados por dos tablones o dos hojas de metal superpuestas. Un oficial militar, que había vivido en las colonias durante mucho tiempo, me aseguró que las tiendas militares se construían bajo el mismo principio para protegerse de la radiación del sol.

El diseño de nuestro techo está bien pensado, de acuerdo a las reglas dadas por la experiencia.

El techo a menudo se le ve cubierto con cartón bituminoso. Yo no soy partidario de esta técnica, que es un costo adicional. Además, el cartón bituminoso muchas veces es portador de una humedad invisible que pudre al tablero que lo soporta.

No estoy más a favor de la utilización de chapa arriba de todo. Cuando hay lluvia o granizo, la chapa produce un sonido que excita a las abejas. Además, es muy sensible a los rayos del sol.

Yo estoy a favor de la madera pintada. Un techo pintado cada dos o tres años puede resistir los efectos de las altas temperaturas de mejor manera que un cartón bituminoso o una chapa. Entre las pinturas, prefiero la blanca que rechaza el calor. El carbonilo (creosota), que es sin duda el mejor conservante de madera, no es adecuado aquí debido a su olor y sobre todo a su color.

EL LIENZO

Por encima del caja superior colocamos un simple paño, que frecuentemente está conformado por trozos de bolsas viejas.

Nosotros preferimos este tipo de tela al hule y también a las tablas. Éstas son impermeables, y requieren de un movimiento brusco, una sacudida, cuando se pretenden levantar. Las abejas se tornan irritadas.

El hule es impermeable, y además no se despliega tan fácilmente como el lienzo.

No debemos olvidar que todo aquello que se introduzca en la colmena será propolizado, y por lo tanto quedará adherido. Buscamos la forma más conveniente de extraerlo.

Pero nuestro lienzo se despliega fácilmente. Lo tomamos por una esquina a la izquierda y lo jalamos horizontalmente hacia la derecha. En esta operación, no hay sacudidas y solo descubrimos la parte que nos interesa inspeccionar.

Sin embargo, la característica principal de este tejido es su permeabilidad, que las abejas pueden modificar (aumentar o disminuir), al agregar o eliminar propóleo, siempre disponible para ellas. Este lienzo les permite ventilar la Colmena del Pueblo como lo hacen en la colmena antigua. Es conveniente renovar a menudo este lienzo, que también podemos utilizar en trozos como combustible para el ahumador.

EL ALZA AISLANTE

Nuestra alza aislante tiene 10 cm de altura, no 5 como las comunes. El fondo del alza aislante está cerrado por un lienzo. Pero su parte superior es abierta. Está lleno de aserrín, pequeñas palitos, turba o cualquier otro material ligero que sea absorbente y mal conductor de calor.

Como el alza aislante no es cerrada, su contenido puede

renovarse fácilmente para mantenerlo siempre seco. De esa forma absorbe mejor la humedad de la colmena, y transmite menos el calor de afuera hacia dentro de la colmena.

Cuando se utiliza aserrín o pequeños palitos, pueden ser renovados todos los años. Puede esparcirse el contenido anterior alrededor de la colmena, dificultando así que crezca el pasto.

Ventilación

En todas las colmenas hay humedad producida por la vida animal y por la evaporación del néctar para transformarlo en miel. Hay aire viciado por la respiración de las abejas.

Este aire viciado y húmedo está caliente mientras está en el grupo de las abejas, por lo que tiende a ascender. Al alcanzar la parte superior de la colmena, no se enfría muy rápido, porque esta parte alta está siempre tibia. Además, las paredes de la Colmena del Pueblo nunca están muy frías, debido a la distancia entre ellas y la pelota de abejas. Este aire viciado tendería a permanecer en la parte alta de la colmena, pero el lienzo lo deja pasar y extenderse en el alza aislante.

Este escape de aire viciado provoca que aire nuevo y fresco ingrese por la entrada. Como esta fuga de aire es continua y regulada a voluntad por las abejas, el aire nuevo ingresa lenta pero continuamente, para renovar el aire de la colmena sin incomodar a sus habitantes.

En las otras colmenas esta renovación de aire no se realiza de la misma forma. El aire viciado y húmedo se detiene en el hule o los tablones, permaneciendo alrededor de las abejas, ya que en las colmenas más grandes que la Colmena del Pueblo las abejas tienden a estar más cerca de la parte superior.

Este aire viciado se extiende a las paredes de la colmena y tiende a condensar la humedad a su contacto, porque éstas, más alejadas del grupo de abejas, están más frías que las de la Colmena del Pueblo.

La humedad condensada de este aire húmedo superior desciende por las paredes y los panales extremos, provocando aparición de mohos y putrefacción.

La entrada a la colmena podría ser de gran tamaño, pero el aire nuevo no ingresa, ya que no es impulsado por la salida del aire viciado. La aireación en estas colmenas es nula o insuficiente.

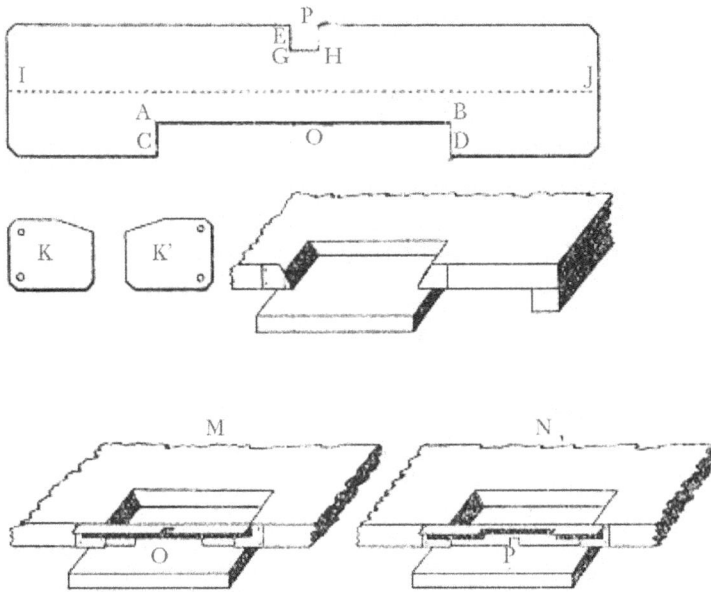

Detalle de la puerta: P, muesca de 0.006 x 0.006. En O, muesca de 0.070 x 0.0075.

Desde hace algún tiempo, he notado que suele aconsejarse perforar una abertura de varios centímetros en las tablas que cubren la colmena. Sin duda, es una manera radical de evitar el moho en los cuadros y las paredes. Pero me he preguntado cómo tienen los asesores apícolas la audacia de dar semejantes consejos. Este orificio es demasiado grande para que sea posible cerrarlo por las abejas, por lo que aconsejamos evitarlo. Las abejas no son capaces de moderar el escape de aire a través de esta abertura. Por lo tanto hay una corriente de aire continua a su través, durante toda la baja temporada, probablemente en perjuicio de la higiene de las abejas y sus provisiones.

LA PIQUERA

Nuestra piquera es de una gran simplicidad. Se puede cortar de una lata de conservas vacía. Es de un manejo fácil y rápido. La entrada de la colmena puede ser instantáneamente reducida sin apretar a las abejas. Pueden utilizarse, según se desee, dimensiones de 7.00 x 0.75 cm para evitar el ingreso de ratones o comadrejas, o de 0.6 x 0.6 cm para permitir el ingreso de una abeja por vez en caso de estar alimentando a la colmena, o que ésta corra peligro de pillaje.

LISTONES PORTA-PANALES ("TOP BARS")

Cada listón porta-panal o top-bar tiene un ancho de 2.4 cm. Preferimos darle un espesor de solo 0.9 cm, para que nunca ocurra que el listón colocado supere en altura a la caja donde está colocado. Recordemos que el listón está apoyado a una distancia de 1 cm de la parte superior de la caja. Además, es preferible que el listón no esté cepillado en su cara inferior para permitir mayor adherencia a la cera de los panales.

Por otro lado, es preferible que las otras tres caras del listón estén cepilladas para facilitar su limpieza. Incluso podríamos restringir la propolización de estas tres caras cubriéndolas con vaselina o aceite.

Abbé Émile Warré.

25

Primeras
Conclusiones

LA APICULTURA ES UNA INDUSTRIA

La apicultura puede producir beneficios. Esta ganancia debe ser el objetivo del apicultor. No existe apicultor que afirme que la actividad es solamente una afición. Pero tampoco hay apicultores que piensen que la apicultura es solamente un negocio para ellos.

No olvidemos que tenemos hermanos desafortunados que necesitan de obras de caridad. Démosle a ellos lo que la naturaleza nos da de sobra.

Ahora nos preguntamos: ¿ cómo podemos obtener el máximo beneficio a partir de la apicultura ?

NO SE CONFÍE EN LA PROTECCIÓN ADUANERA

Como los partidos políticos se oponen en sus ideas, confiarse en la protección arancelaria es a menudo una ilusión. En cualquier caso, esta protección es a menudo un error, ya que al aumentar los precios determina que las ventas sean más dificultosas.

APUNTEMOS A LA ECONOMÍA

Los productores tienen como fundamento, producir a bajo costo para vender luego con facilidad.

Todos los apicultores deberían adoptar este principio. De ese modo evitarían los problemas de descomposición de la miel y podrían extraer de la cría de abejas todos los beneficios posibles. Es posible que, en el futuro, el precio de la miel se fije a partir del precio del azúcar. lo que facilitaría su venta.

Por lo tanto, es importante encontrar la forma de tener un costo de producción más bajo. Lo que ya hemos dicho acerca de la construcción de la Colmena del Pueblo es suficiente para mostrar sus ventajas desde el punto de vista económico. Más adelante veremos que, además de su construcción, el manejo de la colmena también es económico.

ECONOMÍA EN LOS INSUMOS

Es obvio que la Colmena del Pueblo ha sido diseñada para que pueda ser construida por cualquier persona amateur utilizando las herramientas más comunes. La información que suministramos acerca del diseño de la colmena es suficiente. En cualquier caso, solamente una unidad será suficiente. Esto no ocurre en las colmenas con cuadros. Éstos por sí solos, ya demandan mucho tiempo y atención. Es necesario que los cuadros de madera estén terminados con mucha exactitud en las dimensiones especificadas. Es necesario que exista una luz de 7,5 mm entre los travesaños de los cuadros y las paredes de la colmena. Cuando hay menos de 5 mm, las abejas unen con propóleos los cuadros entre sí y con las paredes de la colmena. Cuando hay más de 10 mm de separararación, las abejas fabrican panales en dicho espacio. En cualquiera de los dos casos, no hay más movilidad de los cuadros. Con la temperatura y el desgaste por el uso, los cuadros de madera tendrán deformaciones en uno o en otro sentido. Por lo tanto, es imprescindible que la medida de construcción sea exactamente de 7,5 mm entre cuadros y entre cuadros y las paredes. Este requisito es difícil de lograr y de mantener.

ECONOMÍA EN EL TAMAÑO

La forma y el volumen de la Colmena del Pueblo aseguran

un mínimo consumo de miel y permiten que las abejas se desarrollen normalmente.

ECONOMÍA DEBIDA A SU HIGIENE

La forma, el volumen y la ventilación de la Colmena del Pueblo le facilitan a las abejas una vivenda saludable, en la que se evitan: exceso de trabajo, stress y aparición de enfermedades, todos factores que disminuirían la producción de miel.

26

Equipamiento

AHUMADOR

El ahumador es un instrumento imprescindible para todo el que desee ocuparse de abejas. Existen una gran cantidad de modelos. Cada apicultor podrá elegir acorde a su parecer y de acuerdo al combustible del que disponga.

Ahumador

Sin embargo, los dos modelos más utilizados son el de Layens y el de Bingham.

El ahumador Layens ofrece la ventaja de proporcionar humo en forma suave y uniforme, y permite trabajar durante un cuarto de hora. Tiene un mecanismo de relojería que lo hace funcionar. Este ahumador también tiene sus desventajas: es de pequeño tamaño y debe ser alimentado con combustible a menudo. No se puede obtener de él humo abundante, cuando en determinada situación el apicultor lo necesite. Además, su mecanismo de reloj produce un ruido que no agrada a las abejas de la colmena que estamos visitando, y tampoco a las de colmenas vecinas.

Por último, este mecanismo de reloj es delicado y frágil, y, además, resulta muy caro.

En mi opinión, el ahumador Bingham es más práctico, sobre todo el modelo pequeño. Se ajusta adecuadamente a nuestra mano. Proporciona buen humo denso normalmente, y, cuando es necesario, uno más fuerte y abundante. Cuando no lo estamos usando y lo dejamos con su boca al aire, no molesta a las abejas como el de Layens. Además, necesita poco combustible para mantenerse encendido. Para este ahumador podemos usar como combustible cartón corrugado o bolsas viejas de embalaje, todo eso muy barato. Estos rollos deberían tener un diámetro algo inferior al del ahumador, para así poder ingresarlos con facilidad. Su longitud debería ser de dos tercios de la altura del ahumador; de esa forma puede introducirse un nuevo rollo cuando se ha consumido la mitad del anterior que está consumiéndose. De esta forma el fuego se produce en forma continua, se aprovecha todo el humo y éste no contiene cenizas.

De vez en cuando, antes de agregar un nuevo rollo, se retira lo que queda del anterior y todas las cenizas acumuladas en el fondo. El rollo parcialmente consumido se vuelve a ingresar al ahumador, y finalmente se adiciona uno nuevo.

Cuando el tiempo está muy seco, los rollos de combustible se queman muy rápidamente. Para que duren más, pueden mojarse, para enlentecer su combustión y obtener más humo. Obviamente, si este fuera el caso, debe introducirse primero en el ahumador un rollo seco.

Cuando renovamos el lienzo que cubre los listones porta-panales, es buena idea introducir algo de su propóleos en el ahumador. O pueden colocarse pequeños trozos de propóleos raspado del interior del cajón.

CEPILLO

Un cepillo será de utilidad para el apicultor. Acompañando

al ahumador, permite movilizar a las abejas, y, en caso de ser necesario, sacarlas de aquellos panales a ser retirados de la colmena.

En la medida de lo posible, el cepillo será de tipo clásico, de primera calidad y competamente de seda. De lo contrario, raspará

Cepillo

a las abejas y las irritará. Debe mantenerse limpio y usarse húmedo, para evitar que las abejas se adhieran.

Velo o Máscara

El velo o máscara no es estrictamente necesario, y muchos apicultores no lo usan, aún realizando operaciones delicadas en el colmenar.

Sin embargo, todos los apicultores deberían tener a mano dos máscaras, una para ellos y otra para su auxiliar. En caso de ser necesario, o de existir un accidente, pueden así acceder de inmediato.

La mayoría de los apicultores, sobre todo los debutantes, utilizarán su máscara en todas sus operaciones apícolas.

Con la protección de este velo o máscara, sintiendo más confianza y seguridad, trabajarán más activamente y con mayor destreza.

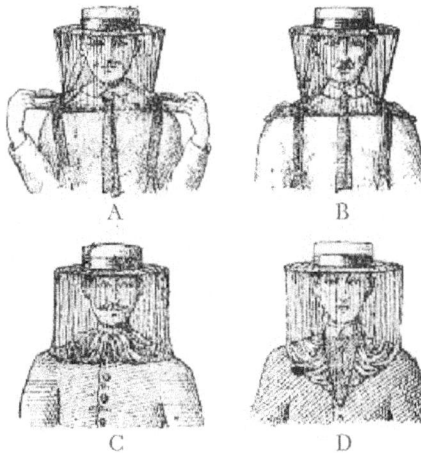

Velos de tul

Existe una gran diversidad de modelos, cada uno con sus ventajas y desventajas. Nos detendremos a considerar los dos principales: el velo de tul y el velo metálico.

El velo de tul tiene la ventaja de no ocupar casi espacio, por lo que puede ser transportado en un bolsillo. Pero tiene el inconveniente de ser muy caluroso para la cabeza del operario y además, perturbar su visión. Si es de color negro, se aumentará la temperatura y se mejorará la visión; en cambio, si fuera blanco, se produce el efecto inverso; disminuye la temperatura, pero empeora la visión.

Se podría construir el velo de color blanco por detrás y negro por delante. En cualquier caso, se deberá elegir un tul con malla lo suficientemente grande, sin exceder nunca los 3 mm.

El tamaño del velo va a depender de su soporte, que es generalmente un sombrero, y, obviamente del tamaño de la cabeza del apicultor.

En su parte superior, el velo se cerrará con una goma que encerrará al sombrero. También podría unirse a los bordes del sombrero, pero en este caso se perdería la ventaja de poder llevarlo en el bolsillo, quedando en este caso con las desventajas del velo metálico, sin tener sus ventajas.

En la parte inferior, también estará cerrado por una goma que encerrará un collar recto o estará unida a un botón, como en la figura D. Si se dejara libre y se usara por debajo de las tiras, como en A y en B, o se colocará por debajo de la prenda exterior, como en C.

El velo metálico es menos portátil que el de tul, pero tiene la ventaja de ser menos caluroso y de perturbar menos la vista. Utilizamos el tejido metálico que suele utilizarse en las despensas. La tela galvanizada obstaculiza la vista. Es preferible la tela de color negro, mejor si es barnizada.

La altura y el diámetro del velo serán proporcionales al tamaño de la cabeza del apicultor. El velo debe dejar un espacio vacío de 5 cm alrededor de la cabeza. La parte superior del velo metálico está cerrada por un tejido recogido, como en E y en F, por lo que al usar este velo no hay necesidad de usar sombrero. En su parte inferior, la tela metálica se prolonga con un tejido que

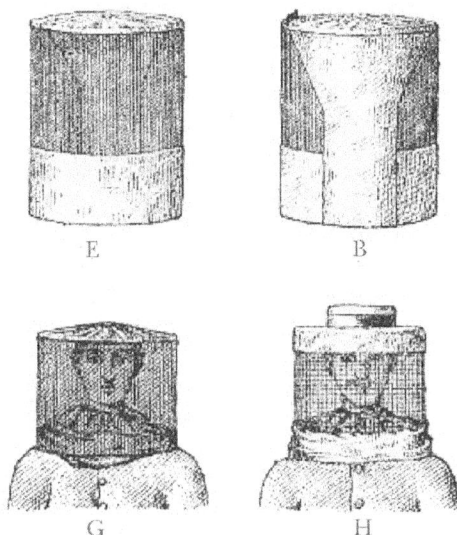

Velos de tela metálica

también podrá ser pasado por los breteles, como en A y en B, o se colocará por debajo de las prendas exteriores, como en G y en C. En la parte posterior del velo colocamos una tira de tela tanto por dentro como por fuera para dar sombra y también para cerrar los extremos de los hilos del tejido de alambre, F. Para darle más rigidez a todo el conjunto, es conveniente colocar un fino alambre de hierro en la parte superior e inferior del tejido metálico, al que se fijan también las dos telas.

Finalmente, podemos optar por un velo mixto, como el H. En la figura se ve cómo se fabrica este velo: se adjunta una tira de lona al borde del sombrero, se agrega una tira de tela metálica, y finalmente por debajo va otra tira de lona. Esta última tira puede también ir colocada por detrás de las correas A y B, o debajo de la prenda exterior G.

BASE PARA COLMENAS

En los diversos trabajos apícolas que deben realizarse al manejar la Colmena del Pueblo, con frecuencia necesitaremos de soportes para colocar y transportar las cajas. La base para colmenas representada en B nos permitirá realizar exitosamente este movimiento de cajas pesadas.

Debemos tener en cuenta que los listones AA´ deben tener una forma angular en su parte superior para evitar el aplastamiento de las abejas. Deben medir por lo menos 10 cm más que los cajas,

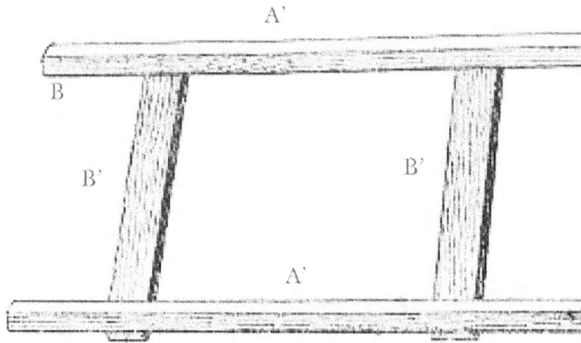

B:Base para apoyar colmenas

para evitar dificultades a la hora de cargarlas y transportarlas. Los tablones BB´simplemente están para unir y fijar los listones.

PALANCA

Está especialmente pensada para introducirse entre los listones porta-panales y lograr aflojarlos y movilizarlos, venciendo la resistencia del propóleos que los cubre.

Esta palanca también sirve para separar entre sí las cajas y para levantarlas. Y con su parte curva permite levantar los listones porta-panales durante la cosecha de miel.

Palanca para mover listones porta-panales

CAJA DE HERRAMIENTAS

El apicultor necesita una serie de artículos pequeños en su trabajo en el apiario. Sería difícil y engorroso transportarlos a mano. Además, es necesario protegerlos para evitar roturas, que queden sucios de miel y se fomente el pillaje, etc.

Por lo anterior es común utilizar recipientes que denominamos cajas de herramientas, cuyas formas son a gusto del apicultor.

Lo esencial es que la caja de herramientas disponga de dos compartimientos: el primero para llevar las herramientas y el segundo, para poner restos de propóleos, panales u otro material apícola que quiera llevarse. Este último debería ser hermético, para evitar cualquier incitación al pillaje.

ALIMENTADOR PARA OTOÑO

Existen muchas y diversas formas de alimentar a las abejas. Nosotros mencionaremos a continuación nuestro "alimentador especial", que puede ser de gran ayuda a los apicultores, sobre todo en la época invernal.

Este alimentador es de madera pintada, que lo hace superior a los alimentadores de metal. En éstos, si hay una pérdida, podría ser importante y ahogar muchas abejas. Su reparación debería ser

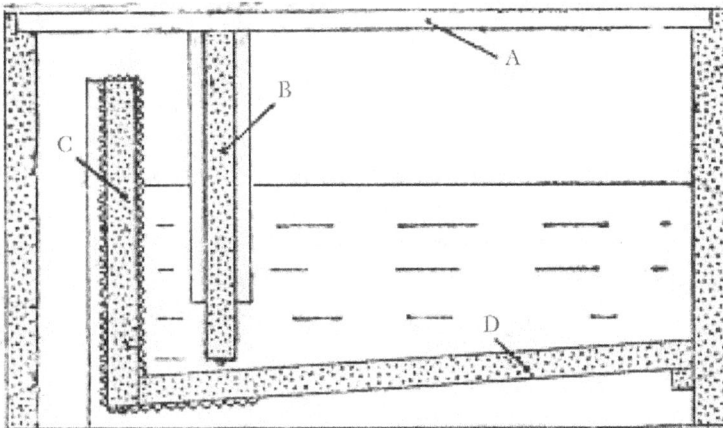

Alimentador para otoño

realizada por un profesional. En el alimentador de madera solo existe una filtración. Una capa de pintura es suficiente para controlarla. Este alimentador tiene las dimensiones de un alza, con un volumen de 11 litros. Sería muy raro que una colmena necesite más que ese volumen de alimento complementario. Por lo general, durante una sola noche se podrá aportar el alimento necesario. Es importante que este suministro se realice con rapidez. De cualquier manera, una placa de vidrio cubre el alimentador y entonces permite ver qué es lo que está ocurriendo allí. Este diseño también tiene la ventaja de que puede llenarse sin ahumar y sin utilizar velo.

En el interior hay una tabla móvil vertical, unida debajo con dos clavos fijos en su base, permite que el jarabe pase al compartimiento donde las abejas acceden para tomar su alimento, sin que éstas se ahoguen.

Si se utilizan como alimento restos de panales en lugar de jarabe, entonces la tabla móvil se suprime.

Este alimentador se coloca por encima de la cámara de cría y no debajo. Sobre el alimentador se coloca el lienzo que normalmente está situado por arriba de los listones porta-panales, luego va el alza aislante y finalmente el techo. Un alimentador de éstos es suficiente para abastecer a doce colmenas.

El alimentador está localizado dentro de un cuerpo de colmena de la Colmena del Pueblo.

A - Tabla de 5 cm de ancho con un orificio por el cual se ingresa el jarabe con la ayuda de un embudo. Está apoyada en ranuras y en la tabla B, sin permitir el ingreso de abejas dentro del recipiente. Al costado de esta tabla hay una placa de vidrio que cubre completamente el alimentador.

B - Tabla móvil entre listones que están fijos al fondo por dos clavos de cabeza redonda de 2 mm, que permiten el paso del jarabe pero no el de las abejas. Esta tabla no se utiliza cuando se alimenta con restos de panales en lugar de jarabe.

C - Tabla fija apoyada en una abrazadera, y recubierta de una tela metálica fina, dejando un pasaje de 2 cm en su parte superior.

D - Tabla fija, apoyada sobre tacos.

Aviso

Revista con una buena pintura todas las uniones durante el armado. Aplique de dos a tres capas de pintura. Este alimentador es ubicado por encima de las alzas y por debajo de la tela y el cajón aislante.

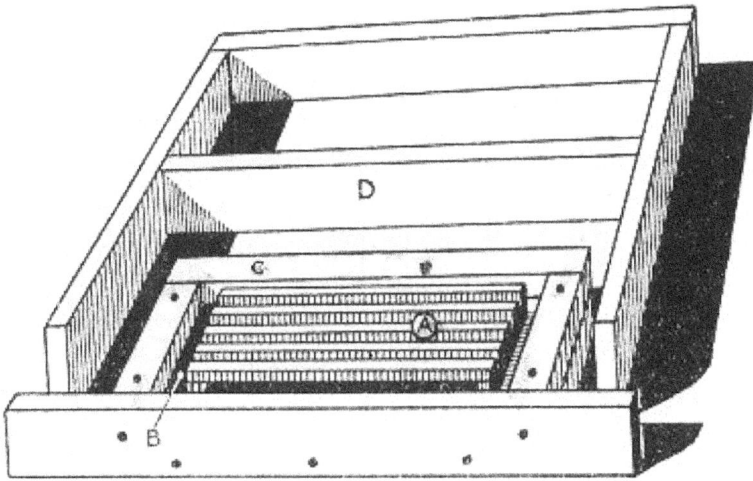

Alimentador para primavera y verano.

ALIMENTADOR PARA PRIMAVERA Y VERANO

Para alimentar a las colonias en primavera, cuando tienen pocas provisiones; o para potenciar la construcción de panales en colonias débiles durante el verano, nosotros hemos pensado en otro alimentador, que puede contener 200 grs de jarabe.

A - Flotador hecho con listones de madera apilados de 9 mm

B - Recipiente de 2 cm de profundidad.

Dimensiones exteriores: 25 cm de longitud x 15 cm de ancho

C - Marco del cajón

Dimensiones exteriores de las alzas con 2 mm más que el marco C

Aviso

Para este alimentador pequeño, son válidas las mismas recomendaciones que para el alimentador especial. Aquí el alimentador se coloca sobre el piso, debajo de las alzas, con su parte móvil en la zona de atrás de la colmena.

CUCHILLO DE DESOPERCULAR

Antes de pasar los panales por el extractor de miel, es necesario quitar los opérculos o tapas de las celdas cerradas que contienen miel madura. Para realizar este trabajo, puede utilizarse un cuchillo de mesa muy delgado y ligeramente cortante. Sin embargo, dado que los panales suelen ser bastante irregulares, es mejor utilizar un cuchillo doblado especial para desopercular.

EXTRACTOR

El objetivo del extractor es separar la miel de los panales más rápidamente que como lo haría el flujo espontáneo. Los panales se colocan dentro de cajas de tejido de alambre en el medio de un tanque generalmente fabricado de chapa estañada.

Un movimiento de rotación, con una velocidad del orden de un kilómetro cada tres minutos, provoca una fuerza centrífuga sobre los panales. La cera es retenida por el tejido de alambre; la miel, en cambio, atraviesa la malla hacia afuera, pegando como lluvia contra la pared del tanque. Un grifo especial en la parte inferior del tanque permite obtener la miel.

Es innegable que el extractor ahorra tiempo al apicultor. Ésta es su principal ventaja, y todos los innovadores la han tratado de multiplicar.

Algunos apicultores ven en el uso del extractor otra ventaja: la de preservar los panales al extraer la miel. Como consecuencia, se obtiene una economía de trabajo para la abeja, y de miel y cera para el apicultor. Nosotros cuestionamos esta supuesta ventaja, porque estamos a favor de la renovación continua de los panales.

ELECCIÓN DEL EXTRACTOR

No aconsejo la construcción del extractor a partir de un tanque y de un engranaje cualquiera. Es importante que sea fabricado

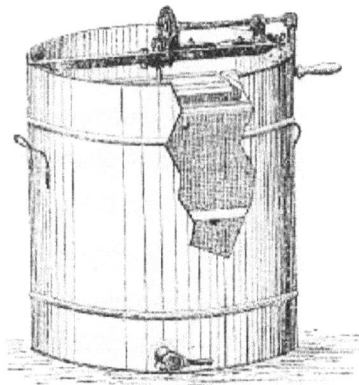

Extractor

por un profesional, preferiblemente mecánico y con conocimientos de apicultura.

Además, los extractores comerciales no siempre están bien terminados. Frecuentemente los trabajadores que los fabrican no conocen bien cómo van a ser empleados. Entonces la fuerza aplicada no está en el punto donde debiera. Hay zonas inaccesibles que no se pueden limpiar bien. La primer miel extraída penetra y oxida ciertos puntos. Como consecuencia, todas las mieles que se extraen después quedan contaminadas. Por lo tanto, es imprescindible elegir un extractor de buena construcción.

En los últimos años se han inventado un gran número de extractores diferentes, pero siempre con el objetivo de obtener un buen rendimiento.

Nosotros mismos habíamos concebido un extractor bilateral, horizontal y paralelo. Era de alto rendimiento, pero además tenía otra ventaja: sus elementos facilitaban el desoperculado de los panales y evitaban su rotura al realizar las sucesivas manipulaciones.

A pesar de su tamaño, nuestro extractor podía atravesar puertas pequeñas, lo que significaba una rara ventaja adicional.

Nosotros somos de la opinión que todos los extractores, tanto el nuestro como los otros, no satisfacen las necesidades de los apicultores, porque requieren una alta inversión que los cargaría todo el año, especialmente durante su transporte.

EXTRACTOR PRÁCTICO

Creemos que nuestro extractor unilateral común es adecuado para todos. Se construirá de dos o de cuatro jaulas, dependiendo del tamaño del apiario.

El extractor de cuatro jaulas puede extraer en doce minutos toda la miel de un cajón de la Colmena del Pueblo. Permite extraer en un día la miel de treinta colmenas, la cantidad máxima que se pueden tener en una localidad.

Este extractor se puede ubicar sobre cajas. Es preferible adquirirlo con tres patas.

También se recomienda que tenga tapa. De esa forma se facilita el movimiento de las jaulas y evita que se produzca una violenta corriente de aire.

Sin embargo, cabe aclarar que se justifica un extractor si

se tiene más de doce colmenas. Para apiarios más pequeños son preferibles otros medios de extracción.

BANDEJAS PARA EL DESOPERCULADO Y LA EXTRACCIÓN.

Estas bandejas son de gran importancia. Ahorran tiempo durante el desoperculado y la extracción, permiten sostener los panales más frágiles, desopercular y extraer los panales de las colmenas de panales fijos, incluso los restos de panales de una colmena rústica.

Son imprescindibles para la extracción de panales fijos utilizando un extractor.

Bandeja 1 (simple):

Lámina sólida estañada, resistencia 5/10, dimensiones 26 x 36,5 cm. Los bordes se pliegan 20 mm después de cortar las esquinas. No hay soldadura. Una oreja está dispuesta en ambos lados, se encuentra por dos cortes en los bordes doblados.

Bandeja 2

En caso de tratarse de la bandeja tipo 2: es de hoja perforada, fuerza 5/10, dimensiones 27,5 x 38 cm, orificios de 3 mm

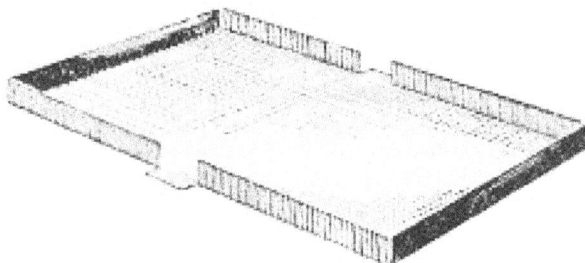

Ilustración de bandeja simple de desoperculado

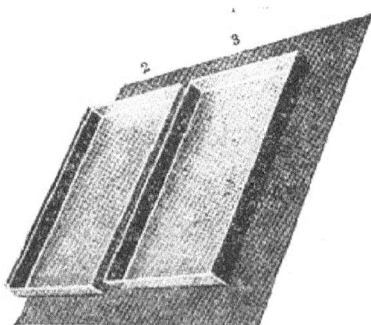

Ilustración de bandejas 2 y 3

ubicados a 3 mm de separación entre sí; los bordes plegados de 2 cm se pliegan después de cortar las esquinas. No hay soldadura.

Bandeja 3

Si fuera el caso de una bandeja tipo 3: hoja perforada estañada, fuerza 5/10, dimensiones 29 x 39, 5 cm, orificios de 3 mm, con 3 mm de separación entre sí; los bordes plegados de 2 cm se pliegan después de cortar las esquinas. No hay soldadura.

Las bandejas tipo 2 y tipo 3 constituyen juntas la bandeja doble.

En general una bandeja simple es suficiente. Una bandeja doble permite a un auxiliar realizar el desoperculado mientras el extractor está funcionando.

CABALLETE

El caballete se utiliza solo para el extractor y para las bandejas. En la página 269 aparece la figura y su modo de empleo.

GUANTES

Estoy mencionando los guantes, pero no para promocionarlos. En realidad, los guantes son inútiles y perjudiciales.

Son inútiles, porque no alcanzan a detener la picadura de una abeja enojada, aún siendo de cuero.

Son perjudiciales, porque provocan que los movimientos sean torpes, bruscos o violentos, lo que siempre deriva en aplastamiento de abejas, además de incrementar su ira.

Debemos hacer notar que cuanto más guantes se utilicen para protegerse de las picaduras, más se producirán, porque éstas tienden a agravarse.

El asistente del apicultor deberá enviar el humo del ahumador al sitio donde se está operando, y, obviamente, a donde están sus manos. El ahumador es confiable.

Si el apicultor es novato, puede pedirle a su ayudante que envíe abundante humo previo a empezar a trabajar, y de esa forma sentirse más seguro.

BEBEDERO

Las abejas saben encontrar el agua que necesitan. Sin embargo, no es inútil colocar un bebedero cerca del apiario.

Sobre una superficie de losa, madera o metal ligeramente inclinada, coloque un tambor o jarra provista de una canilla. La superficie debe estar salpicada de grava o arena. La válvula se ajusta de forma que la canilla gotee y mantenga húmeda la arena.

En los comercios de artículos para aves de corral se podrán encontrar bebederos que se pueden utilizar para las abejas. Estos bebederos están formados por una botella invertida sobre un asiento metálico. Sobre este soporte podemos poner trozos de espuma-plast, corcho o pequeños guijarros.

27

El Apiario

Las abejas no son exigentes, ni para el sitio elegido para ubicar el apiario, ni para la colmena en que van a albergarse. Sin embargo, es necesario realizar algunos comentarios sobre el apiario, para provecho de las abejas y del apicultor.

ORIENTACIÓN

El mayor enemigo de las abejas es el sol del mediodía. Se derrite la cera y se escurre la miel; él destruye los panales y ahoga a las abejas. En todos los casos, él impide a las abejas salir a pecorear, obligándolas a quedarse ventilando la colmena.

Por lo tanto, es absolutamente necesario proteger del sol a las colmenas con árboles o arbustos, como duraznero, peral, manzano o bien, girasol, alcachofa, etc.

Las colmenas se ubicarán con la piquera hacia el Este: de esta manera, el sol naciente activará a las pecoreadoras más temprano en la mañana. Si ubicarlas hacia el Este se hace dificultoso, podrán ubicarse hacia el Oeste e incluso hacia el Norte, nunca hacia el Sur.

DIMENSIONES

Las colmenas ocuparán como máximo 75 cm. Las abejas reconocerán perfectamente su propia colmena, incluso en un apiario importante, si las colmenas se ubican con 75 cm de distancia de centro a centro.

Si las colmenas se ubican a distancias mayores una de otra, las abejas no sufrirán en absoluto. Pero el apicultor deberá destinar extensiones mayores de terreno a las abejas, sin obtener otro beneficio.

Las abejas remontan vuelo con cualquier ángulo respecto a la horizontal. Sin embargo, es mejor utilizar un ángulo superior a los 45 grados. Si el ángulo fuera menor, las abejas tendrían inconvenientes al remontar o aterrizar.

Con un ejemplo se comprenderá mejor lo anterior: si hubiera una pared de dos metros de altura frente a la piquera de la colmena, entonces ésta debiera ubicarse a una distancia mínima de dos metros de la pared.

Estos datos nos ayudan a calcular qué área debe tener un terreno para albergar determinado número de colmenas; o dada una cierta extensión de terreno, cuántas colmenas podrían colocarse allí.

DISTANCIAS

Diversas negligencias e imprudencias que han cometido los apicultores han llevado a que se hayan establecido normas acerca de la distancia que deben mantener las colmenas entre sí. También se ha reglamentado la ubicación de colmenas en los caminos públicos y en los terrenos privados.

Estas regulaciones pueden ser locales, comunales o departamentales. El desarrollo de estas normas está fuera del alcance de este libro. Se podrá acceder a estas reglas en la prefectura de cada departamento.

En general, las distancias que deben mantenerse varían entre 4 y 6 metros. Algunas regulaciones excepcionales exigen una distancia de 20 metros. Vale la pena agregar que la mayoría de las regulaciones no exigen distancia alguna cuando el apiario está rodeado por una valla de más de dos metros de altura.

En su reunión del 18 de noviembre de 1925, la Cámara de

Diputados adoptó sin debate una propuesta de ley redactada de la siguiente manera: "Único artículo - El párrafo 3 del artículo 17 de la ley del 21 de junio de 1898 se modifica de la siguiente manera: Sin embargo, no se aplica una prescripción de distancia a las colmenas aisladas de las propiedades vecinas o caminos públicos por una pared, o una empalizada de tablas unidas, o un seto o cerco, sin solución de continuidad. Estas vallas alcanzarán una altura de 2 metros sobre el suelo y estarán a no más de 2 metros de distancia a cada lado de la colmena".

NÚMERO DE COLMENAS

La cantidad de colmenas a ubicar en un apiario es muy variable, siendo acorde a la oferta nectarífera y polinífera de la región, y debe tomar en cuenta el número de colmenas ya instaladas en la zona. Sin embargo, podemos estirar que al menos 50 colmenas pueden prosperar en un radio de 3 kilómetros, independientemente de la riqueza del lugar. Obviamente, sí deben tenerse en cuenta las colmenas vecinas ya instaladas.

DISPOSICIÓN

Ya han sido mencionados los inconvenientes de instalar las colmenas con un techo común (la visita al colmenar se torna más difícil) o de instalarlas al aire libre sobre una base común (se perturban todas las colmenas de una misma base, lo que hace que las abejas consuman provisiones y se irriten).

Por lo tanto, recomendamos el apiario al aire libre con colmenas apoyadas sobre soportes aislados. De esta forma, se evitan los inconvenientes prácticos antes mencionados, además de procurarle mayor tranquilidad al apicultor.

Deben colocarse en una sola línea, o en líneas paralelas, o en herradura, etc, teniendo en cuenta lo que se recomienda en el Capítulo "Orientación".

Debajo de las colmenas se puede colocar pavimento de hormigón con un ancho de 80 cm. Si se toma en cuenta que este soporte nos evitará el trabajo de controlar las malezas alrededor de las colmenas, y de verificar su estabilidad en la primavera, podemos considerar que es una solución económica. Se podría colocar arriba de cada colmena un techo ligero o plantar una hiedra que crezca sobre un alambre de acero.

Plantaciones

El apicultor no podrá proveer a las abejas de flores suficientes como para ocuparlas por completo. Él dependerá de los agricultores del vecindario.

Para satisfacer completamente a sus abejas, el apicultor debería realizar cultivos considerables. Significaría para él incrementos de costos y de trabajo que no se pagarían con su cosecha de miel.

Sin embargo, el apicultor sí puede plantar ciertas plantas ornamentales nectaríferas en los alrededores de su apiario. Tendrá así la posibilidad de seguir de cerca el trabajo de sus abejas. Si tiene la alternativa de realizar plantaciones en su terreno en el vecino, obviamente optará por plantar especies que sean de interés apícola. También puede aconsejar a sus vecinos plantar dichas especies, apoyar su consejo con semillas y con potes de exquisita miel.

El apicultor tendrá que convencerse a sí mismo, e intentará convencer a sus vecinos, de que cuanto más melífera sea una planta, más beneficiosa será para los animales de granja.

Sin embargo, el apicultor encontrará positivo sembrar también azafranes, campanillas y hiedras cerca de su apiario. Estas flores proporcionarán a las abejas un poco de polen en la primavera temprana.

El cultivo de la lavanda podría, al servir a las abejas, producir el doble de su rentabilidad normal.

La siembra de phacelia también debería ser tomada en cuenta. Puede ser sembrada en primavera, a un ritmo de 15 a 16 kgs por hectárea. Germina luego de ocho a catorce días y florece seis semanas después. Alcanza una altura de 60 cm y se mantiene en flor durante cinco semanas. Es posible la siembra en forma escalonada, posibilitando su floración cuando no hay otras flores en la zona. Como resiste las primeras heladas, puede sembrarse hasta el 15 de agosto, proporcionando forraje verde al ganado a fines de octubre y principios de noviembre.

28

Legislación Apícola

Propiedad de las Colmenas : Artículo 254 del Código Civil

Son inmuebles por destino cuando fueron colocadas por sus propietarios para el servicio y la explotación de fondos ... colmenas de abejas.

Propiedad de los Enjambres : Artículo 9 de la Ley del 4 de abril de 1889

El propietario de un enjambre tiene el derecho de apoderarse de él en cualquier lugar (incluso en terreno que no le pertezca) mientras no haya dejado de seguirlo. De lo contrario, el enjambre pertenece al propietario del terreno en el que se estableció.

Mudanza de Abejas : Artículo 10 de la Ley del 4 de abril de 1889

Por ningún motivo se permite perturbar a las abejas en sus viajes y en su trabajo. Como consecuencia, incluso en caso de incautación legítima, deberán moverse las colmenas solamente en los meses de diciembre, enero y febrero.

Accidentes

Una torpeza por parte del apicultor, o un vandalismo

provocado por vecinos u otras personas, pueden desencadenar accidentes. En caso de ocurrir, dadas las leyes apícolas vigentes, podrían resultarles muy costosos al apicultor. Recomendamos que todos los apicultores contraten un seguro por accidentes. Los sindicatos apícolas le dan al apicultor garantías totales cobrándole una prima mínima.

29

Plantas Melíferas

Proporcionamos en la página siguiente una lista de plantas melíferas que pueden cultivarse para forraje verde o seco, o incluso para producir fertilizante. Podemos agregar las siguientes: alfalfa, albahaca, phacelia y esparceta.

En jardines ornamentales se pueden sembrar aguileña, angélica, árabe, borraja, madreselva, galega, alhelí, lúpulo, lavanda, hiedras, mejorana, malva, boca de dragón, hierba gatera, reseda, romero, escabiosa, tomillo, verbena.

En el jardín podemos cultivar: zanahorias, repollo, diente de león.

Los árboles siguientes son también melíferos: albaricoque, acacia, olivo, cerezo, castaño, cornejo, arce, fresno, acebo, castaño de indias, duraznero, álamo, pino, peral, manzano, ciruelo, abeto, sauce, fresno de montaña, saúco.

Finalmente, las abejas encontrarán en estado salvaje las siguientes plantas;

berceo, brezo, brunelle, bracha, cardamine, cardos, escoba, lino, orquídeas, zarzas, sedum.

Por otro lado, nunca permitiremos que crezcan cerca del

apiario las siguientes: tabaco, belladona, beleño, cicuta, aguileña, eléboro, adelfa, dedalera, estramonio, acónito, árbol de la laca, bryonia, laurel cerezo, azafrán. Todas estas plantas no son necesariamente dañinas para las abejas, pero sí pueden ser peligrosas para el consumidor, por los alcaloides que se transfieren a sus mieles.

NOM DES PLANTES	TERRAINS DE PRÉFÉRENCE	ÉPOQUE DES SEMIS (*)	QUANTITÉ DE SEMENCE À L'HA à la volée, en ligne	ÉPOQUE DE RÉCOLTE (*)	REND. A L'HA. DE FOURRAGE VERT de — à
Navette d'hiver	Argilo-calc., argilo-siliceux	Août-septembre	10 à 11 kg, 7 à 8 kg	Février à fin mars	12 000 — 25 000
Colza	Argilo-calcaires profonds	—	6 à 8 kg, 4 kg	Mars à fin avril	18 000 — 30 000
Trèfle incarnat	Sableux, argilo-calcaires	—	25 kg (décort.)	Avril à fin juin	18 000 — 25 000
Trèfle hybr. d'Alsike					—
Vesce d'hiver	Argileux, argilo-calcaires	Septembre-oct.	180 à 200 kg	Mai à fin juin	18 000 — 50 000
Vesce velue	Légers siliceux	Autom. et print.	100 kg	Avril à fin septembre	20 000 — 40 000
Gesse ou jarosse	Argilo-calcaires, calcaires	Septembre-oct.	200 kg	Mai à fin juin	18 000 — 30 000
Pois gris d'hiver	Graveleux	Octobre	160 à 200 kg		—
Pois gris de printemps	Argilo-calcaires	Mars à août	200 kg	Juin à novembre	15 000 — 25 000
Féverole d'hiver	Forte, argilo-calcaires	Avril	220 kg	Mai-juin	15 000 — 35 000
Lupline ou minette	Calcaires, silico-calcaires	Septembre-oct.	18 à 20 kg	Avril-juin an suiv.	10 000 — 20 000
Vesce de printemps	Argileux, argilo-calcaires	Mars à juin	160 à 200 kg	Juin à septembre	15 000 — 50 000
Lentille	Légers, siliceux, graveleux	Mars à mai	160 kg	Juin à septembre	10 000 — 20 000
Moutarde blanche	— Silico argileux	Avril à juillet	14 à 20 kg	Juin à fin septembre	12 000 — 25 000
Navette d'été	Argilo-cal., argilo-siliceux		8 à 10 kg		8 000 — 20 000
Spergule	Légers, siliceux, frais	Mars à mai	35 kg	Mai fin juillet	—
Serradelle	Sablonneux, frais, profonds	Avril à fin juillet	35 kg	Août fin octobre	—
Sarrasin	Légers, sablonneux	Mai à fin août	60 kg	Juillet à mi-novem.	—
Ajonc	Terrains sté., argilo-silic.	Avril à fin août	15 à 20 kg, 10 kg	Avril à fin octobre	26 000 — 12 000
Consoude rugueuse	Humifères	Plant. fév.-avril	par surgeons	À partir d'octobre	20 000 — 80 000

(*) Susceptible de modifications suivant les circonstances.

Tabla de plantas melíferas (en francés)

30

Compra de
Colonias

Las colmenas pueden ser pobladas de diferentes maneras: mediante la enjambrazón artificial, comprando colmenas rústicas, o comprando núcleos.

La enjambrazón artificial ("hacer núcleos") debería ser el método preferido. Se realiza cuando se desea, en la fecha más conveniente. Se opera sobre aquellas colmenas que sabemos están fuertes y sanas, lo que no es tan común.

Si somos debutantes o principiantes, no es conveniente que practiquemos la enjambrazón artificial, o el armado de núcleos. En ese caso, compraremos colmenas rústicas, siempre que sea posible. Estas colmenas nos darán enjambres fuertes. Podemos también realizar el trasiego a la colmena definitiva en la fecha que más nos resulte conveniente. Por otra parte, es muy probable que la colmena rústica esté sana. Las colmenas fijistas no son invadidas por la loque como lo son las movilistas.

Por último, cuando no sea posible otra opción, compraremos núcleos. En la medida de lo posible, nos aseguremos previamente de que el colmenar del que provienen no esté atacado por la loque.

Núcleo de criadores

Los núcleos provistos por los criadores suelen ser los mejores, y mismo los más económicos, por ser más productivos. Esto ocurre cuando el criador ha seleccionado su cría en el pasado, y entrega sus núcleos en forma honesta. En general, el criador tiene interés en realizar una selección continua en su apiario. Obviamente, las entregas deberemos controlarlas.

Época de la compra

El mejor momento para comprar e instalar un núcleo es al principio del mayor flujo de néctar. En esa época, el comprador casi no corre el riesgo de tener que alimentarlo artificialmente. Por el contrario, lo más probable es que lo vea establecerse rápidamente, acopiar las provisiones para el invierno, y, en los mejores años, podría hasta darle una cosecha de miel.

En los meses siguientes, comprar núcleos será más riesgoso. Deberá verificar que los panales estén todos bien estirados, y que tenga cría abundante, así como provisiones. Si bien la producción de cera ocurre naturalmente durante el flujo de néctar, es muy costoso obtenerla en otra época.

Peso del núcleo

Se comprará siempre un núcleo que tenga mínimo 2 kilogramos de abejas. Proporcionalmente, cuesta menos que un núcleo de 1,5 kilogramos o de 1 kilogramo. En total solamente hay que pagar una reina, un paquete de abejas y el envase. Además, una colonia fuerte en una colmena da mejores resultados y compensa en gran medida el gasto inicial. Es un capital que se confía a la sociedad de abejas de la colmena. Ésta utilizará el capital de forma inteligente y lo hará dar sus frutos.

El núcleo pierde algo de peso en el viaje, debido a la distancia y a la temperatura. No es fácil de medir esta pérdida de peso. La honestidad del proveedor es, por tanto, de gran importancia.

La Reina

Para que esté presente la reina y sea de buena calidad, debemos escoger un proveedor serio y honesto. Sin embargo, podríamos solicitarle al proveedor que proceda como yo lo hacía cuando criaba reinas: la reina se encontraba encerrada con unas cuantas abejas en una caja, de la misma forma que si hubiera sido enviada por correo. La caja es colocada en medio de las abejas del núcleo. Cuando ésta llegaba, el comprador lo único que tenía que hacer era llevar la caja y colocarla en la colmena, así como lo hace al colocar una reina y esperar su aceptación por parte de la colonia. Las abejas en forma inmediata rodean a la reina.

De esta manera, el trabajo se ve facilitado. Las abejas no se irán. Este procedimiento puede realizarse en cualquier momento, y no se comprometerá la honestidad del vendedor o la destreza del comprador.

LA RAZA

Hay una gran cantidad de razas de abejas. Pero solamente dos son realmente dignas de atención: la raza común y la italiana.

Las abejas de raza común tienen un cuerpo marrón negrusco.

Las abejas italianas tienen en su abdomen dos anillos de color amarillo - dorado. Las abeja italiana tiene la lengua más larga, por lo que puede pecorear una mayor diversidad de flores. En los años de escasez, producirán más que la abeja común. La abeja italiana es más enérgica, más activa, de mejor calidad; todo esto hace que incremente su producción. Pero esta mayor actividad, ¿ no aumenta también su agresividad ? La respuesta es negativa, siempre y cuando la colonia sea manejada como debe ser, lo que es válido también para la abeja común.

Incluso me atrevo a decir que la abeja italiana es más dócil que la abeja común, porque "comprende" mejor las necesidades del apicultor, cuando éste le manda bocanadas de humo.

Tampoco encuentro que esa vivacidad mostrada por la abeja italiana la haga más propensa al pillaje, siempre y cuando el apicultor reduzca, como siempre debe hacer, las piqueras de las colmenas débiles vecinas.

La abeja italiana es también más prolífica, sin necesidad de alimentación de estímulo a la postura, que suele ser muy cara y peligrosa. Ésta es realmente una cualidad importante.

A veces leo que se atribuye a la abeja italiana la expansión de la terrible loque. ¡Qué error! La abeja italiana tiene, por el contrario, las características necesarias para luchar contra dicha enfermedad.

Se comenzó a encontrar la loque en el mismo tiempo aproximado en que se introdujo la abeja italiana. Debido a esto, parecería que dicha abeja fue la que lo introdujo. Pero en esa misma época se introdujo la colmena de cuadros móviles, en la que las abejas se estresan y desgastan. Además se comenzaron a aplicar métodos de crecimiento del número de colmenas que también debilitaron a las abejas. La aparición de la loque debe atribuirse a la utilización de colmenas de cuadros, y a los manejos necesarios para su explotación. El origen de la loque no tiene más causas que el exceso de trabajo y el debilitamiento de la raza.

Durante más de 25 años he estudiado las razas de abejas más difundidas. La raza italiana es la que recomiendo, no importando si se encuentra en línea pura o híbrida. Lo anterior no es necesario, siempre que no nos dediquemos a criar reinas italianas puras.

En mi opinión, la raza común es conveniente para los apicultores principiantes, que están probando con pocas colmenas, y no tienen que hacer una gran inversión. Y pienso que esta raza común sería excelente si se hubiera realizado una selección genética como sí se hizo con la italiana. Tengo que advertir, además, a los apicultores que muchos criadores seleccionan abejas en base a sus posibilidades de crianza, pero no tienen en cuenta la selección natural que existiría en la naturaleza.

En una colonia huérfana las obreras crían del orden de 15 reinas. La que eclosiona primero, o sea, la más vigorosa, matará a las restantes antes de que nazcan. Es, realmente, una selección severa.

Esta selección sería demasiado cara para los criadores de reinas. Ellos seleccionan la totalidad de las reinas, es decir, 15 de 15. En cambio, en la naturaleza, solamente sobrevive una sola de las 15.

La naturaleza proporciona otra instancia de selección durante el proceso de fecundación de la reina. Antes de ser fecundada, la reina se lanza al aire a un vuelo vertiginoso. Solo los machos más vigorosos son capaces de alcanzarla. En cambio, la reina producida en una criadero puede no ser tan fuerte, y, por ende, ser alcanzada por un macho no tan vigoroso. Otra vez, el método artificial da un resultado inferior.

En la práctica, deberían comprarse abejas italianas a un proveedor que siga los métodos antiguos de selección y reproducción, y que no alimente a sus abejas con azúcar. Si esto no es posible, nos deberemos conformar con la abeja común. Esta raza será pronto mejorada, hasta el punto de ser superior a la raza italiana de los criaderos modernos. Para mejorar la abeja común, deberemos ir suprimiendo las colonias débiles, y multiplicando por enjambrazón artificial las mejores.

EL PRECIO

El precio de un núcleo varía según la raza, su peso y el tiempo en que es entregado.

Generalmente se estima que el precio de un núcleo de 2 kilogramos equivale al precio de 20 kilogramos de miel, sin incluir las entregas. Este precio es razonable, porque el apicultor, al vender este núcleo, se priva de vender los 20 kilogramos de miel que éste produciría varias semanas después.

Un núcleo de abejas comunes vale un 25% menos.

Transcurrida la época de mielada, un núcleo no tiene el mismo valor; porque debemos tener en cuenta:

1- Que deberá proporcionársele al menos 100 grs de jarabe todos los días del verano en los que no habrá flujo de néctar, para que pueda estirar los panales necesarios para pasar el invierno.

2- Que a fines de agosto, a veces será necesario complementar las provisiones con 10 o 12 kgs de miel. Por el contrario, si se coloca una colonia de 2 kilogramos en una Colmena del Pueblo a comienzos de la mielada, podrá cosecharse desde el primer año, y en mayor cantidad que en las cosechas posteriores, porque las abejas no serán perturbadas en su trabajo por el cuidado de las crías, que en ese momento todavía no estarán.

3- Cabe observar que para obtener el mismo resultado en una colmena Dadant, el enjambre a introducir deberá ser de 4 kilogramos.

UN GRAN ERROR

Una revista de apicultura ha publicado la lista de criadores de abejas, a los que se les ha otorgado una asignación especial de azúcar. Si estos criadores pretenden realizar una selección en sus abejas, ésta será aniquilada por proporcionarles este alimento antinatural. Ésto contribuye en forma inevitable a la debilidad de la raza, lo que es terreno favorable para el desarrollo de enfermedades, la loque, entre otras.

Núcleos de cuadros

Algunos criadores de abejas envían sus colonias sobre los cuadros de cría. Este procedimiento no está exento de inconvenientes.

Los cuadros no son siempre de las mismas dimensiones de los de las cajas del comprador, a pesar de ser del mismo tipo de colmena. El peso del enjambre es difícil de controlar. La presencia de la cría es más perjudicial que beneficiosa. Es cierto que la presencia de cría les permite a las abejas criar una nueva reina, en caso de que la que venía fuera muerta durante el viaje o la instalación. Pero la cría de esta reina de emergencia se retrasará, y la colonia llegará al otoño con baja población, provisiones insuficientes y panales sin terminar. En estas condiciones, le será muy difícil a la colonia vivir hasta la primavera, y, si sobreviera, igualmente le sería muy dificultoso el prosperar, mismo al año siguiente.

Núcleos comunes

También se pueden conseguir núcleos de apicultores vecinos. Éstos no tienen el mismo valor que los que provienen de criadores donde la selección de abejas se realiza con conocimiento y continuidad.

Embalage

Estos núcleos deberían abonarse aproximadamente la mitad que los otros seleccionados. Para apreciar su peso, cuando se entregan dentro de colmenas comunes sin panales, podremos basarnos en la siguiente escala:

Un núcleo de 2 kilogramos ocupa un volumen de 18 litros, si hace calor; 9 litros, en caso de estar frío; y entre 13 y 14 litros a temperaturas normales.

No debemos olvidar que estas colonias, igual que las otras, disminuyen su precio una vez comenzada la mielada.

COLMENAS RÚSTICAS

Para poblar colmenas, la forma más fácil y económica es hacerlo a partir de la compra de colmenas rústicas. Permite tener una colonia muy fuerte y seguramente sana en la fecha más conveniente.

ENJAMBRES "DESNUDOS"

Los vendedores honestos raramente proporcionarán núcleos de 2 kilogramos, porque extraer tantas abejas podrá debilitar sus propias colmenas. Proporcionarán colonias de no más de 1,5 kilogramos. Sin embargo, para tener buenos resultados, incluso con la Colmena del Pueblo, será necesario partir de colonias de 2 kilogramos. Una colmena Dadant requerirá una cantidad inicial de 4 kilogramos de abejas.

Además, ningún criador puede garantizar el día del envío. El mejor día es el de comienzo del gran flujo de miel. Si se entrega después, no habrá tiempo para estirar panales y acopiar provisiones suficientes para el invierno. Tendrá que alimentar la colonia para asegurar su sobrevivencia. Al año siguiente, dicha colonia tampoco resultará, porque no dispondrá en la primavera de los panales necesarios para el desarrollo de la cría. Obviamente, después de un semestre desde el primer día de la mielada, la colonia no tendrá ningún valor.

ENJAMBRES EN CUADROS

La población de una colmena partiendo de enjambres en cuadros tiene las mismas desventajas que la realizada a partir de enjambres "desnudos". Además, tiene otros problemas: los cuadros no siempre tendrán las cualidades requeridas. Las dimensiones de los cuadros deben ser cuidadosamente diseñadas para poder ser limpiados con facilidad. Entre los cuadros de los costados y las paredes de las c colmenas debe haber exactamente 0,75 cm. El cuadro debe estar construído de forma que sus dimensiones no cambien. De lo contrario, se pegarán los cuadros y ya no serán móviles. Normalmente las dimensiones de los cuadros no son tan precisas como necesitamos.

ÉPOCA

Es más probable que se encuentren colmenas rústicas en el otoño que en cualquier otro momento, sobre todo, en la época de sofoque (sulfuración).   En marzo no corremos ya los riesgos de la invernada.

VOLUMEN

Solamente se comprarán colmenas rústicas grandes, que permitan obtener alta población antes de la enjambrazón. Deberán ser al menos de 30 litros, pero preferentemente, de 40. Un buen recipiente deberá tener un diámetro de 30 cm y una altura de 80 cm, pero estas dimensiones son difíciles de encontrar. Las dimensiones de las colmenas rústicas variarán según la región.

PESO

El peso de la colmena rústica a comprar dependerá de su volumen: si ocupa 20 litros, su peso deberá ser de 40 kilogramos; en caso de tener un volumen 15 litros, deberá pesar 30 kilogramos. kilogramos en otoño. En marzo, las colmenas anteriores no deberán pesar más de 15 o 8 kilogramos, respectivamente. Es importante que los panales estén construidos hasta la parte inferior del cajón.

PRECIO

El precio de la colmena rústica depende también de la miel que ésta contenga. Una colmena de 25 kgs de peso bruto contiene aproximadamente 12,5 kgs de miel. Una colmena de 15 kgs contendrá en el orden de 8 kgs.

En marzo, estas mismas colmenas tendrán un peso bruto de 15 y 8,5 kgs, respectivamente. Pero tendrán por lo menos el mismo precio que en el otoño, porque el comprador ya no deberá preocuparse de los riesgos de la invernada.

EMPAQUE

Las colmenas se empacan en la oscuridad, después de haber sido ahumadas. Se envuelven en una malla gruesa, bien asegurada con cuerda. Debajo, colocamos varios tacos de madera para facilitar la circulación del aire. El atado deberá realizarse en la parte inferior de la colmena.

Nosotros hemos descripto una forma de embalaje. Veremos ahora un método mejor: en vez de utilizar cuerda, podemos emplear alfileres de 40 mm que se insertan a mano en la paja de la colmena. Este procedimiento permite una mayor adhesión entre la colmena y la tela (bolsa vieja de yute). De esta forma habrá menos espacios vacíos entre la colmena y el lienzo, donde podrían ingresar abejas que morirían aplastadas o sofocadas.

Si el paquete debe enviarse en tren, entonces será mejor empacarlo en madera. Para esto, haga dos cruces con tablas de 1 cm x 10 cm, del mismo largo que el diámetro de la colmena. Reúna estos cruces con tablas de longitud similar a la altura de la colmena. Una vez la colmena está embalada, se coloca dada vuelta, con su abertura hacia arriba, para evitar que las abejas sean sofocadas. Empaquetada de esta forma, debe colocarse una etiqueta con la dirección del destino, y otra advirtiendo del contenido indicando "ABEJAS VIVAS". En estas condiciones, sólamente golpes violentos al paquete serán para preocuparse.

TRANSPORTE

El transporte de colmenas rústicas debe realizarse con delicadeza y precaución. Deberán ser transportadas preferiblemente a mano; en caso contrario sobre apoyos amortiguados con resortes.

En la medida de lo posible, es conveniente ubicar las colmenas en la misma dirección de marcha del vehículo, para disminuir las roturas de panales.

Las colmenas deberán ser colocadas en la noche en el sitio definitivo en el que quedarán. Corte la cuerda y deje caer el lienzo. A la mañana, sacamos el lienzo.

Mientras espera para colocar la colmena en su lugar definitivo, es conveniente mantenerla a la sombra, preferiblemente en un lugar fresco y oscuro.

Será preferible realizar el transporte de colmenas rústicas durante el otoño, porque desde enero, el transporte produce el mismo efecto de una alimentación estimulante. Podría liberar enjambres tempranos y evitar que su trasiego se realice de la mejor forma.

INSTALACIÓN DE LA COLONIA

En muy contadas ocasiones, a colonia adquirida alcanza un volumen de 40 litros. En tales casos, para evitar la salida de un enjambre de primavera antes de su traslado, es conveniente colocar la colonia en un cajón con listones porta-panales ("top bars") con cebadores de cera ("starter strips"), o, mejor aún, en un cajón con panales obrados, en caso de que se dispongan.

Como las colonias adquiridas pueden ser de dimensiones muy variadas, que no se corresponden con el tamaño de nuestro cajón cuadrado de la Colmena del Pueblo, conviene utilizar un piso especial que pueda recibir enjambres de distintos tamaños, pero que pueda luego adaptarse a dicho cajón cuadrado.

En resumen: sobre un piso ordinario, se coloca un cajón con listones "cebadores" o con panales obrados. Sobre esta cajón se apoya nuestro piso especial. Sobre el centro de éste se deposita la colonia de abejas, que se protege con un techo, con tela impermeable, etc, para protegerla de la lluvia. Si entonces se detectara un flujo de abejas en algún sitio del piso especial, se sella éste con tejido, enduído, etc. Solo nos queda esperar que las abejas sean trasladadas y llegue la hora de su transferencia.

ALIMENTACIÓN

Si al llegar la colonia de abejas a su destino, se constata que no alcanza a pesar 18 kg a fines de octubre, o 15 kg en febrero, entonces se deberá proporcionar una alimentación suplementaria. Para esto, antes de ubicar a las abejas, se deberá colocar un pequeño alimentador sobre el piso y debajo del alza. Este comedero se utilizará cuando la temperatura lo permita, y tan pronto como lo exija la condición de la colmena. No debemos olvidar que el alimentador pequeño solamente se puede utilizar cuando las abejas están pecoreando fuera, durante el día.

Si hubiera que alimentar en un clima frío, deberíamos utilizar otros medios. En ese caso se deberá llenar una pequeña botella con jarabe de azúcar. Se cierra la botella con un paño fino que se fije con una mecha. Se hace un agujero en la parte superior de la colmena, y allí se inserta la mecha, con el cuello de la botella invertido.

Si llegada la colonia a destino pesara mucho más, aparecería una desventaja seria: la de no disponer de suficiente espacio para el desarrollo de la cría en la primavera. En este caso se hace necesario agregar un alza encima con panales obrados. De lo contrario esta colonia dará un enjambre de unos 2 a 3 kg de abejas sanas.

Es raro encontrar enfermedades en las colmenas comunes. Convendrá transferir la colonia comprada a su lugar definitivo en el momento en que comienza el gran flujo de néctar. De este modo, será posible obtener un cosecha considerable durante el primer año, a unos tres meses de haber sido instalado. Si hemos aplicado todos mis consejos, entonces habremos realizado el manejo que yo denomino "heroico".

ABEJAS "CHASSE OU TRÉVAS"

En muchos libros de apicultura se recomienda poblar colmenas desde colonias salvadas del ahogo o sofocación, lo que en francés se denomina "chasse ou trévas". Para construir colmenas con éxito a partir de estas abejas, utilizando este procedimiento, deben darse varias condiciones:

Primeramente, para cada colonia de este tipo, se deben tener a disposición dos cajas completas con panales obrados, y más de doce kg de provisiones, preferentemente miel, que serán tomados en forma inmediata. Es necesario realizar esta operacion en setiembre, porque si se hiciera en octubre, podría ocurrir que no hubieran suficientes días cálidos como para que las abejas tomaran estas provisiones.

En segundo lugar, será necesario operar con colonias fuertes, porque no existirá cría para incrementar la cantidad de abejas, ni tampoco para reponer aquellas abejas muertas durante la operación.

Es cierto que podrán reunirse dos alzas. Pero en este caso

será necesario eliminar una de las dos reinas, y deberemos utilizar nuestra caja de reinas. Esta operación se describe más adelante. ¿Pero cómo quitar las abejas de la colmena rústica?

Mediante el golpeteo de la colmena con un palo de madera (tamborileo), como lo indicamos en el capítulo de Transiego. Es raro poder realizar esta operación en setiembre, porque la temperatura no suele ser suficientemente alta. Además, el propietario de la colmena rústica no permitirá el golpeteo del cajón, porque perjudica a la colonia.

La opción que nos queda es la asfixia. Aquí vamos a comentar cómo hacer para asfixiar a las abejas: se colocan 5 grs de nitrato de potasio en un vaso, y se le agrega suficiente agua para disolver completamente la sal. Se agregan al líquido trozos de telas viejas, de forma que absorban el líquido. Se dejan secar estos retazos de tela a una distancia prudencial de la fuente de calor, ya que son facilmente inflamables. Se cubren estas telas con una sábana para evitar que las abejas caigan en las llamas, se queman estas telas debajo de la colmena rústica. Se golpea ligeramente la colmena para hacer que las abejas caigan. Se retira la colmena rústica y se recogen las abejas. Si hay una cantidad importante de abejas, debemos extenderlas para evitar que mueran sofocadas, que puedan respirar de inmediato y no se ahoguen en sus excrementos, porque el nitrato de potasio les produce diarrea repentina. Es importante que esta operación se realice lo suficientemente rápido.

ENJAMBRES SALVAJES

Los enjambres muchas veces se ubican en huecos en troncos de árboles, o en el interior de gruesas paredes viejas agrietadas.

¿ Cómo hacer para tomarlo ? Se debe realizar esta operación al principio del gran flujo de néctar. Si no existen ya, realice dos aberturas en la zona ocupada por el enjambre: una en la parte superior y la otra en la parte inferior. Por encima de la abertura superior se coloca un alza de la Colmena del Pueblo. Se ahúma la cavidad por el orificio de abajo, hasta que todas las abejas salen al exterior por el agujero superior. Entonces tenemos dentro de la caja una colonia que tratamos como lo hacemos con las otras. Luego se recolecta la miel y la cera que las abejas dejan en la cavidad, no preocupándonos de la cría. Este trabajo rara vez es redituable.

Por la noche, se transporta el enjambre a una distancia mínima de tres kilómetros desde su ubicación original; en caso contrario, las abejas, sobre todo las viejas, volverán a la ubicación original.

Se puede localizar el enjambre más cerca de su localización primera, pero debe mantenerse en una bodega durante tres días, antes de su ubicación final. En este caso, debe suministrársele algo de alimento.

También pueden atraparse enjambres naturales que estén de paso. Para esto deberán colocarse cajones en un lugar alto, cerca del colmenar y cerca de un bosque. Dentro del cajón se introducen algunos panales viejos. Es conveniente raspar el interior del cajón con Melissa Officinalis (toronjil), o con una disolución de propóleo en alcohol. Si estos enjambres son débiles o llegan una vez avanzada la temporada, deberán ser alimentados para que construyan panales y luego completar sus provisiones para el invierno.

31

Preparación de la
Colmena

Para que las operaciones apícolas sean fáciles y rápidas, es importante que los panales sean regulares y construidos en la misma dirección. Para lograrlo es necesario colocar un iniciador de cera ("starter strip") de 5 mm por debajo de cada listón porta-panal ("top bar")

Las maneras de proceder para "cebar" el listón porta-panal son las siguientes:

PRIMER PROCEDIMIENTO

Se construye una varilla de madera de la misma longitud que el "iniciador" de cera ("starter strip"). Luego de cepillar las cuatro caras, esta varilla debe resultar de 15 mm de espesor y 24 mm de ancho. En la mitad del ancho se colocan dos alfileres finos y largos. Se dispone de una cacerola para fundir la cera, y de un pincel de dibujo. En la cacerola se coloca un poco de agua, para que la cera no se queme, y luego se agrega la cantidad necesaria de cera. En otro recipiente se disuelven 1/3 parte de miel con 2/3 partes de agua fría. Necesitamos también una esponja.

1 - Se toma la varilla mencionada y con la esponja se empapa con la solución de miel y agua.

2 - Tomar un listón porta-panal. Tener especial cuidado de que no esté húmedo, porque la cera no se adheriría a él.

3 - Se fija la varilla con alfileres al listón porta-panal de manera tal que los dos alfileres calcen justo con uno de los bordes del listón porta-panal. De esta forma, uno de los bordes de la varilla coincidirá con la mitad del ancho del listón porta-panal.

4 - Se toma el pincel con la cera derretida y se pasa rápidamente por el lado interior de la varilla y la zona media del listón porta-panal, y se repite esta acción varias veces.

5 - Se quita la varilla.

6 - Se gira el listón porta-panal y se pasan varias pinceladas con cera a lo largo del otro lado del iniciador de cera ("starter strip").

Nota: cuanto más veces se pasa el pincel, más grueso queda el "iniciador" de cera

SEGUNDO PROCEDIMIENTO

Se prepara una plantilla con alfileres para ser fijada al listón porta-panal en forma longitudinal, hasta la mitad del ancho. Se coloca el listón porta-panal B, bien seco, contra la plantilla A, que debe estar siempre húmeda. Tenga todo en su mano izquierda e inclínela de atrás hacia adelante. Portando una cuchara en la mano derecha, eche un poquito de cera líquida en el listón, como en el diagrama C. Cuando la cera se ha adherido suficientemente, se quita el listón con su iniciador de cera (ver diagrama D); se deja correr un poquito de cera para abajo hacia el otro lado del iniciador de cera, luego se coloca el listón porta-panal en la caja cuerpo de colmena.

Éste es nuestro método preferido.

Es conveniente tener varias plantillas, especialmente en verano. Ellas se enfrían mientras el trabajo continúa. El resultado es mejor y se procede más rápidamente. Una vez que los listones porta-panales están en su posición, son fijados a la rendija con un alfiler pequeño sin cabeza similar a los alfileres de vidriero.

Nosotros preferimos este método de fijación de estilo "cremallera", o clavos doblados, o tener las puntas de los listones de 36 mm de ancho. Esto último representa un gasto y hace la limpieza muy difícil. Ellos se ven bien cuando se compran en la tienda, pero no tanto cuando ellos son sacados de la colmena.

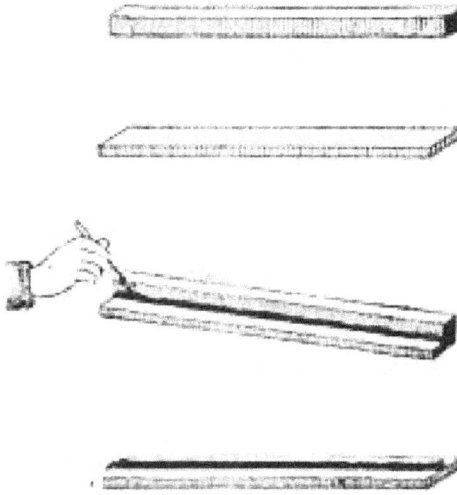

Plantilla para cebar los listones porta-panales
A - Plantilla. B - Listón port panal. C - Plantilla y listón porta panal.
D - Listón port panal con cera.

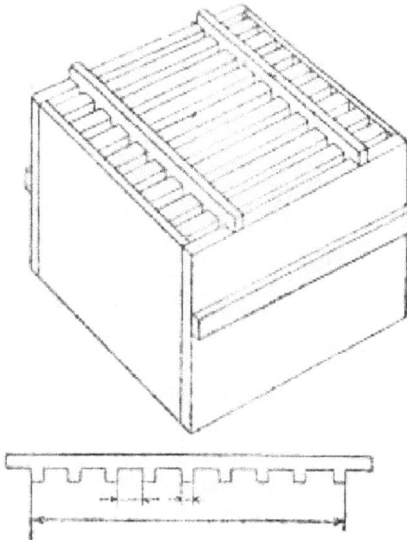

Plantilla para colocar los listones porta-panales en su lugar y mantenerlos mientras son clavados.

Tercer Procedimiento

Éste es el método más fácil, pero se necesitan listones porta-panales de fabricación más compleja.

El listón porta-panal debe tener una "lengua" de forma similar a las del parquet. Es importante que sea de 3 o 4 mm, y que se encuentre en el medio del listón.

El listón porta-panal debe ser biselado. El borde del bisel debe estar en el medio del listón, con una proyección por debajo de 3 o 4 mm.

Para "cebar" el porta-panal por primera vez, alcanza con pasar en las partes que sobresalen un cepillo impregnado de cera derretida. Entonces bastará con realizar una limpieza gruesa del listón porta-panal, que deberá quedar siempre suficientemente impregnado de cera.

Sin embargo, debemos señalar que esta clase de listón porta-panal aumenta levemente la brecha desperdiciada entre panales, lo que es un defecto, como ya hemos dicho anteriormente.

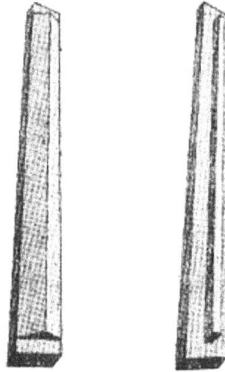

Listones porta-panales biselados.

Cuarto Procedimiento

También pueden cebarse los listones con cera en relieve, preferiblemente cera en bruto del propio emprendimiento apícola.

Estas tiras de cera pueden fijarse al listón porta-panal de diferentes formas:

Se puede hacer un surco al centro del porta-panal. Luego se introduce la tira de cera, "soldándola" de ambos lados con cera derretida. De esta manera la ranura será fácil de limpiar.

Nosotros tenemos preferencia por esta otra metodología:

Colocar la tira de cera en el medio del listón porta-panal, y se sujeta con los dedos o con una grampa. Se derrama cera derretida en el lado libre; se retira la grampa y se vierte un poco de cera del otro lado.

Ahora veremos dos métodos para obtener las tiras de cera:

Primer método para obtener tiras de cera

Preparar una varilla de madera bien cepillada con una longitud de 29 cm, 1,5 cm de ancho y aproximadamente 1 cm de espesor. Aceitar esta varilla, o dejarla un momento sumergida en agua. Sumergir con rapidez esta varilla en cera derretida una o varias veces, y quitarla inmediatamente.

Esta varilla se puede fijar en dos puntos o con dos pasadores en sus extremos. Cuando la cera alrededor de la varilla de madera está lo suficientemente fría, se corta la cera en todo el grosor de dicha varilla. Quedan en la cara inferior y superior de la varilla dos láminas de cera de 29 cm de longitud por 1,5 cm de ancho. Cuanto más fría se encuentre la cera derretida, más gruesas resultarán las dos láminas de cera. Cuantas más veces se haya sumergido la varilla de madera en la cera derretida, de más grosor resultará la lámina de cera. Un grosor de 2 mm es suficiente para nuestros fines.

Si no se dispone de suficiente cera, o de un recipiente para contenerla, se puede utilizar una varilla de madera de menor longitud. Se obtendrán varias laminillas más cortas, pero podremos utilizar más de una, unidas punta con punta.

No debemos olvidar que la cera debe ser derretida en un baño maría.

Segundo método para obtener tiras de cera

1 - Llene con agua fría una botella con fondo plano. Por ejemplo: Vichy o Vittel

2 - Sumerja dicha botella en agua jabonosa fría dentro de un cubo, y limpie ligeramente con la mano para eliminar el exceso de agua.

3 - Se sumerge la botella en cera derretida por un segundo o

dos, y luego se quita; así se obtiene una capa delgada de cera sobre la botella. Esta capa se puede engrosar fácilmente, repitiendo la operación varias veces seguidas, pero debe hacerse lo suficientemente rápido para que las capas anteriores no se derritan.

4 - Utilizando un cuchillo, desprender la cera adherida al fondo de la botella; sumergir la botella en agua limpia fría, y separar la cera cortándola en el sentido de la altura de la botella. No olvidar remojar en agua jabonosa la botella cada vez que comencemos una nueva hoja. La profundidad de las hojas dependerá de cuán profundamente hayamos sumergido la botella en la cera. Los fondos que no sean utilizables se recuperan fundiéndolos nuevamente.

Nota.
Es importante que la parte inferior de los listones porta panales sea rugosa, no cepillada, para facilitar la adhesión de la cera.

32

Operaciones
Apícolas

Antes de entrar en los detalles de las operaciones apícolas a realizar en el transcurso del año, nos gustaría brindar algunos consejos. Si los observamos, lograremos con seguridad trabajar con rapidez y sin picaduras; siempre tendremos abejas dóciles. No debemos olvidar que es por su propia voluntad que las abejas dan miel. La razón de que usen su aguijón es que las hemos convencido de que somos su enemigo : 'sponte faons, aegre spicuta'

Auxiliar

Se pueden realizar las operaciones apícolas en forma individual, pero ocurre a menudo en dichas circunstancias que se debe apoyar el ahumador en el suelo, o trabajar con una sola mano. También será necesario dejar de ocuparse continuamente de mantener encendido el ahumador. Necesariamente el trabajo se hace más lentamente, y las abejas tienden a excitarse. Será conveniente realizar el trabajo apícola con un ayudante, que mantendrá el ahumador encendido y ahumará mejor a las abejas, al utilizarlo en forma continua.

Caja de herramientas

El apicultor deberá ir siempre con una caja de herramientas. Encontrará allí todo aquello que vaya a necesitar en sus operaciones: combustible para el ahumador, palanca, etc. Allí también pondrá, cuidando de dejar todo bien cerrado para evitar el pillaje, restos de panales, raspaduras de cera, miel e incluso propóleo. Todos estos materiales, si quedaran accesibles, atraerían abejas y provocarían saqueo.

Bases para apoyar cajas

Cuando el apicultor está manejando cajas de abejas, deberá disponer de bases para ellas. Estos soportes se apoyan directamente en el suelo; de lo contrario existiría el peligro de aplastamiento de abejas y además las cajas se ensuciarían, lo que requeriría limpieza.

Máscara o velo de apicultor

Se pueden realizar satisfactoriamente las operaciones apícolas sin colocarse la máscara o velo. Sin embargo, tanto el apicultor como su ayudante, deberán disponer de un velo de apicultor para utilizarlo en caso de accidente. El apicultor novato deberá siempre utilizarlo, lo que le brindará más seguridad y firmeza. Trabajará sin él más adelante, cuando esté familiarizado con las abejas.

Ahumador

Es posible realizar ciertas operaciones apícolas sin el uso del ahumador. Pero los apicultores que operan de este modo deberán corregir su técnica. Al trabajar sin ahumador, las abejas se excitan, y esto es lo que hay que evitar.

Con el ahumador logramos avisar a las abejas, calmarlas, dirigirlas; en una palabra, logramos hablarles.

El apicultor puede tomar la decisión de no utilizar el ahumador, pero estaría realizando una torpeza.

A menudo pueden utilizarse pipas, cigarros o cigarrillos en reemplazo del ahumador.

El humo advierte a las abejas que algo va a suceder. Por prudencia, ellas se llenan de miel. Si se aseguran de tener provisiones a su disposición, ellas son menos agresivas. Quizás el hecho de estar repletas de miel les dificulta doblar su abdomen para clavar su aguijón.

El apicultor hablará lo menos posible mientras esté operando con una colmena. De esta manera, toda su atención estará puesta en su trabajo, operará más rápidamente y luego recordará mejor los hallazgos o constataciones realizadas al tomar apuntes sobre su operación.

DELICADEZA Y RAPIDEZ

El apicultor deberá esforzarse en ser suave con sus abejas, delicado en el manejo del ahumador y en el movimiento de las cajas, hablar bajo y evitar ser brusco en sus movimientos. A la suavidad del apicultor, las abejas responderán con suavidad. Sin embargo, el apicultor deberá ser expeditivo sin perder la suavidad, sin volverse brusco o violento, porque las operaciones prolongadas excitan a las abejas, y en algunos casos, detienen la postura.

PROPÓLEO

A menudo ocurre que el propóleo presente impide que el apicultor trabaje en forma suave y expeditiva. El propóleo que está dentro de las cajas no interfiere con las operaciones, porque normalmente el apicultor no lo toca. El que sí dificulta el trabajo es el que está entre dos cajas contiguas, o en la ranura de las paredes, o en los listones porta-panales.

Cada vez que destapamos una colmena, deberemos raspar con la palanca el propóleo de las paredes y el de los listones porta-panales. Vamos a juntar ese propóleo en un compartimiento de la caja de herramientas para evitar el menor peligro de saqueo.

Nuestra palanca es especialmente indicada para este trabajo.

PILLAJE O SAQUEO

Cuando se deja caer un trozo de panal o simplemente un poco de propóleo, las abejas que están cerca se aproximan para buscar la poca miel que puedan encontrar allí. Las abejas de la colmena abierta en la que se está operando defienden sus provisiones luchando contra las pilladoras. Éstas intentan ingresar en las otras colmenas de los alrededores para continuar recogiendo miel. El combate se incrementa. Y en el ardor de la lucha, todo se convierte en un enemigo: abejas, operadores, transeúntes, incluso los animales más pacíficos.

COLONIAS INTRATABLES

Como resultado de un accidente, o debido a niños que han arrojado piedras, u otras causas, puede ocurrir que haya colonias irritadas a las que es muy difícil aproximarse. Aquí se explican algunas formas de calmarlas. Aparentemente, estos procedimientos siempre han sido satisfactorios.

Primer método

Se quita la tapa de la colmena. Con un rociador y agua limpia se "baña" ligeramente la colonia. Esta lluvia fina hará que se adhieran las alas a los cuerpos de las abejas, neutralizando sus movimientos. Se vuelve a tapar la colmena y un cuarto de hora después se podrá operar normalmente. Sin embargo, se recomienda este procedimiento solamente si la temperatura está entre 20 y 25o C.

Segundo método

Una hora antes de la visita, se transporta la colmena irritada a una cierta distancia. En su sitio se coloca un cajón de colmena vacío. Éste recibirá las abejas más viejas, que son las más agresivas. Entonces se visita la colmena deseada, que está en otra posición. Una vez finalizado el trabajo en dicha colmena, se retorna a su sitio original, luego de desplazar el cajón que recolectó las abejas viejas. Éstas retornarán a su colmena.

Obviamente, yo nunca me vi obligado a utilizar estos métodos. Utilizando la Colmena del Pueblo, no hay necesidad de realizar muchas visitas y aperturas de la colmena.

PICADURAS

Si por casualidad somos picados por una abeja, es recomendable elegir una de las siguientes acciones: recurrir a la succión del veneno, mojar con una solución amoniacal, o una solución de hipoclorito de sodio, frotar la zona de la picadura con una hoja de puerro o de perejil.

Primera Acción

En cualquier operación con una colmena, lo primero debe ser enviar dos o tres bocanadas de humo en el interior de la colmena a través de su piquera.

Segunda Acción

En cualquier operación con una colmena, la segunda acción deberá ser esperar a que las abejas comiencen a zumbar, antes de abrir la colmena.

33

Poblamiento de la Colmena

Se puede poblar una nueva colmena a partir de colonias de diferente origen. Hay ciertas variantes en la forma de operar.

A PARTIR DE NÚCLEOS DE CRIADORES

Se opera de tardecita, casi en la puesta del sol. Debemos ubicarnos al costado del sitio que irá a ocupar la colmena, y operamos en forma similar a cuando realizamos un trasiego.

Pero antes de comenzar las operaciones, no olvide ahumar. Recién entonces coloque la caja que contiene a las abejas debajo del primer cajón de la colmena, luego de haber quitado su tapa. Entonces, en lugar de golpear la caja del enjambre, como haríamos con una colmena rústica, se ahúma a través de la malla. Entonces se verá a las abejas trepando al cajón. Procedemos inmediatamente como lo haríamos en un trasiego.

A PARTIR DE ENJAMBRES NATURALES

Realice esta operación también en la tardecita, cerca de la puesta del sol. Coloque el enjambre justo en el sitio previsto que

va a ocupar la colmena, y opere de igual modo que en un trasiego desde el cesto que contiene cera y abejas al cajón definitivo,
o como está indicado en el grabado de abajo.

A PARTIR DE COLMENAS RÚSTICAS

Esta forma de poblar colmenas es tan común y frecuente, especialmente en los apicultores principiantes, que hemos dedicado
un capítulo especial, el siguiente: Trasiego.

34

Trasiego

Han sido mencionados varios métodos de trasiego. Nosotros nos concentraremos en uno solo.

EVITAR LA SUPERPOSICIÓN

La superposición, es decir, colocar una caja encima de la otra, debe ser realizada con preferencia en el mes de marzo, porque en dicho mes es más fácil reducir la altura de la colmena rústica y sus panales. Esto aumenta la confiabilidad del sistema.

A pesar de esta precaución, si la miel en los panales no es suficiente, las abejas permanecen en la colmena rústica y no se asientan en el cajón nuevo. Incluso en los años de buen flujo de néctar, el establecimiento de las abejas en la colmena nueva puede ser dificultoso. Después de la cosecha, se hace necesario alimentarlas para completar sus provisiones y también para que sean capaces de construir panales. Debemos agregar a lo anterior, que por este método se hace largo y difícil el control de la fabricación de panales por medio de las abejas.

Por lo tanto, este sistema, en lugar de economizar tiempo, lo malgasta, complica la tarea en lugar de simplificarla, y, a menudo, se pierde el objetivo.

Nunca realizar un trasiego en marzo

El trasiego no debe realizarse en el mes de marzo. En esta época, la "caza" de las abejas se torna larga y difícil, y se provoca el enfriamiento de la cría. A menudo nos vemos obligados a utilizar la asfixia; pero ésta a menudo provoca diarrea a las abejas. Y, otra vez, colocar la cría en una gran colmena fría, solo con un puñado de abejas, ¿no es exponer a la cría a morir de frío, al menos, parcialmente? Esto podría desencadenar la aparición de loque en el apiario, o, al menos, enlentecer el desarrollo de la cría.

La época y la hora del trasiego

El trasiego debe efectuarse una vez que el gran flujo de néctar ha comenzado. No podemos fijar la fecha, porque varía con el año y con la región. Sabemos que la gran mielada ha comenzado cuando hay mucho ingreso de néctar en las colmenas (lo que podemos verificar pesándolas), o cuando hay presencia de enjambres naturales en la región.

Si realizamos la operación demasiado pronto, perderemos parte de la cría, o se introducirá la loque, o nos veremos obligados a alimentar la colmena. Si operamos demasiado tarde, nos perdemos parte del flujo de néctar.

Deberemos realizar la operación un día de buen tiempo, si el día anterior también fue bueno. Trabajaremos de 11 hs a 15 hs, preferentemente a las 11 hs.

No realizar el trasiego en forma completa

Durante la operación, solo se deberán trasegar las abejas adultas; las crías se eliminarán, y el néctar y la cera se aprovecharán como en la cosecha. La crías retienen obreras en la colmena, y les impiden a éstas ir en busca del néctar. Es por lo tanto una desventaja transferir también a las larvas.

Dejar esta cría en la colmena rústica con un grupo de abejas adultas, o colocar esta cría en otras colmenas, significa multiplicar colonias débiles. Tengamos en cuenta que dos colonias débiles nunca producen tanto como una colonia fuerte.

Dentro de cada una de las dos colmenas débiles, se necesita un lote de abejas que integre tres grupos de abejas adultas: las limpiadoras, las alimentadoras de las crías y las que incuban las crías; es decir, se necesitan en total dos de dichos lotes. En cambio, si se trata de una sola colonia fuerte equivalente, se necesita un solo lote con cada uno de los tres grupos de abejas dentro de la colmena.

Apicultor realizando un trasiego

El enjambre ha sido recibido dentro de una colmena rústica. Una hora antes de la puesta del sol, no antes, el operador coloca el enjambre en su sitio definitivo. Se invierte la colmena y se sacude violentamente para permitir la caída de las abejas dentro de la Colmena del Pueblo, como si fuera grano. Si las abejas no terminan de descender, se continúa agitando la colmena rústica. Si se tratara de un núcleo provisto por un criador en una caja, el operador debería trabajar en forma similar, luego de quitar el techo o el fondo a la caja. Sobre la Colmena del Pueblo, ha sido colocado un cajón cuerpo de colmena vacío para oficiar de embudo. Después de completar la operación, se retira.

Además, cuando el flujo de néctar ya ha pasado, si se dispone de miel, será sencillo, como lo aclararemos, realizar multiplicaciones menos costosas y arriesgadas, por el método de la enjambrazón artificial.

Para realizar el trasiego, se deben efectuar todas las operaciones que se indican a continuación.

Téngase en cuenta que debe operar:

Al comienzo del flujo de néctar.

Con tiempo bueno.

Desde las 11 a.m. hasta las 15 p.m (horas de luz solar).

Debe tener a disposición por adelantado una colmena de al menos dos cajas, un cubo u otro recipiente que pueda recibir la colmena rústica, y cuatro palos.

1- Movimiento de la colmena rústica hasta el lugar del trasiego

El auxiliar debe enviar algunas bocanadas de humo a la colmena rústica a trasegar. Cuando las abejas comienzan a realizar el típico zumbido, el operador toma la colmena rústica y la desplaza una cierta distancia, para no ser molestado por las pecoreadoras de dicha colonia, ni por otras abejas de colmenas vecinas. Ubica la colmena rústica en forma invertida (el techo de fondo, y viceversa) y la coloca sobre un balde, o un cuerpo de colmena vacío, una caja o un tubo. Es importante que el ayudante ahúme lo menos posible durante este procedimiento. (figura 1)

2- Instalación de la nueva colmena

En el sitio en que estaba la colmena rústica, el operador y el auxiliar han puesto un cuerpo de colmena, compuesto de un piso, una caja y un alza aislante. (figura 2). Este cuerpo recibirá durante la operación las forrajeras de la colmena rústica.

3- Colocación de una caja sobre la colmena rústica a trasegar.

El auxiliar debe ahumar lo suficiente para que las abejas no se alteren, ni más ni menos.. El apicultor coloca la caja Nro. 1 encima de la colmena rústica. Provisionalmente, hasta la primera visita,la tela sobre los listones porta-panales se deja fija con alfileres.. (Figura 3).

4- Golpeteo

El operador y el asistente se sientan alrededor de la colmena rústica. Cada uno tiene dos palos por lo que pueden golpear en cuatro lugares diferentes, aunque a la misma altura. Tienen un reloj cerca de ellos. Golpean la parte inferior de la canasta en el punto A durante tres minutos. Luego el operario y el

auxiliar golpean un poco más alto, en B. Finalmente, el operario y el auxiliar golpean otros tres minutos en C, casi al borde de la canasta.

5-Ubicación en su lugar de la caja poblada

Si la operación resultó cómo hemos previsto, las abejas luego de los nueve minutos de golpeteo, se encontrarán dentro de la nueva caja. El operador toma la caja y la lleva a su sitio final, evitando todo tipo de sacudidas. El auxiliar toma el alza aislante, cubre la caja número 2 y ahúma suavemente. El operador coloca la caja nro. 1 sobre la nro. 2., y ahúma suavemente. El auxiliar cubre las dos bisagras del alza aislante (figura 4), y luego el techo.

6- Destrucción de la colmena rústica trasegada

El operario y los auxiliares regresan inmediatamente a la colmena rústica trasegada.. El operario le quita la tapa, y ahúman abundantemente, sobre todo, si aparece la presencia de abejas ladronas. La colmena rústica está vacía en una habitación alejada de las abejas. La miel es para extraer; la cera se derrite cuanto antes y la cría se destruye.

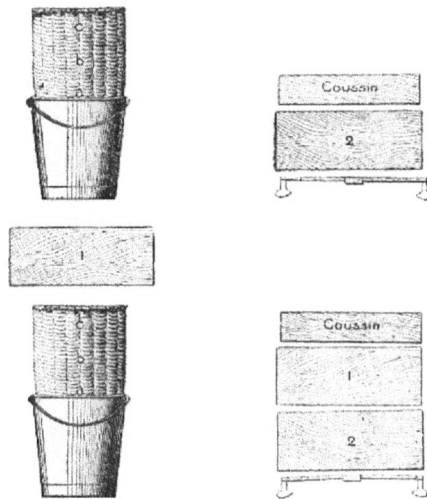

Nota: Para comprobar la presencia de la reina, antes de colocar la caja nro. 1 arriba de la nro. 2, el operario la colocará unos segundos sobre un paño de color oscuro. Cuando lo quite, podrá observar sobre la tela oscura, huevos blancos que darán certeza de la presencia de la reina.

TRASIEGO DESDE UNA COLMENA DE CUADROS

En lugar de partir de una colmena rústica, es posible que tenga que realizar el trasiego desde una colmena de cuadros. A continuación se explica cómo se debe operar.

1er caso   Conoces la reina y tienen cuadros todavía móviles. LLeva la colmena lejos. Busca la reina. Al mediodía la reina está siempre en un extremo. La cría, estará un día a la derecha, el siguiente a la izquierda. Con un pincel para abejas, barre la reina con su séquito de obreras, dentro de la nueva colmena. Actúa con suavidad y cuidado. Luego toma los cuadros, uno por uno, y deslízalos todos dentro de la nueva colmena.

2do caso   No conoces a la reina, y los cuadros no son móviles.

Llevar la colmena lejos y dejarla en su posición. Colocarla sobre la colmena del Pueblo como antes. Cubrir con papel o cartón las partes no cubiertas. Golpetea y ahúma abundantemente por la entrada, como en la colmena rústica.

35

Clasificación de Colonias

La clasificación de colonias se realiza en abril para la región de Pradosarís,después de dos o tres días de buen clima, con una temperatura de 12 a 15 g Celsius, entre las 11 y las 14 horas.

Cómo proceder   después de unos segundos de observación se ingresa en un cuaderno, el número de cada colonia, bajo dos títulos:

Buenas Colonias: son aquellas donde se observa el ingreso de abejas con las patas cargadas de polen.

Colonias en Observación: son aquellas en las que no se ven abejas ingresando o aquellas donde las abejas que ingresan no portan polen en sus patas.

Las colonias de la primera categoría estarán sumisas a la visita de la primavera, como muy pronto y para cualquier temperatura. Para las colonias de la segunda categoría, ocho horas después de la primer visita, se recomienzan las mismas observaciones y la misma clasificación. Las colonias quedarán a su vez sujetas a la visita de primavera.

Las otras colonias se procederá a inspeccionarlas, como se aclara a continuación.

AHUMADOR

Es posible realizar ciertas operaciones apícolas sin el uso del ahumador. Pero los apicultores que operan de este modo deberán corregir su técnica. Al trabajar sin ahumador, las abejas se excitan, y ésto es lo que hay que evitar.

Con el ahumador logramos avisar a las abejas, calmarlas, dirigirlas; en una palabra, logramos hablarles.

El apicultor puede tomar la actitud de no utilizar el ahumador, pero estaría realizando una torpeza.

A menudo pueden utilizarse pipas, cigarros o cigarrillos en reemplazo del ahumador.

El humo advierte a las abejas que algo va a suceder. Por prudencia, ellas se llenan de miel. Si se aseguran de tener provisiones a su disposición, ellas son menos agresivas. Quizás el hecho de estar repletas de miel les dificulta doblar su abdomen para clavar su aguijón.

El apicultor hablará lo menos posible mientras esté operando con una colmena. De esta manera, toda su atención estará puesta en su trabajo, operará más rápidamente y luego recordará mejor los hallazgos o constataciones realizadas al tomar apuntes sobre su operación.

PROPÓLEO

A menudo ocurre que el propóleo presente impide que el apicultor trabaje en forma suave y expeditiva. El propóleo que está dentro de los cajones no interfiere con las operaciones, porque normalmente el apicultor no lo toca. El que sí dificulta el trabajo es el que está entre dos cajones contiguos, o en la ranura de las paredes, o en los listones porta-panales.

Cada vez que destapamos una colmena, deberemos raspar con la palanca el propóleo de las paredes y el de los listones porta-panales. Vamos a juntar ese propóleo en un compartimiento de la caja de herramientas para evitar el menor peligro de saqueo.

Nuestra palanca es especialmente indicada para este trabajo.

COLONIAS INTRATABLES

Como resultado de un accidente, o debido a niños que han arrojado piedras, u otras causas, puede ocurrir que haya colonias irritadas a las que es muy difícil aproximarse. Aquí se explican algunas formas de calmarlas. Aparentemente, estos procedimientos siempre han sido satisfactorios.

Pillaje o Saqueo

Cuando se deja caer un trozo de panal o simplemente un poco de propóleo, las abejas que están cerca se aproximan para buscar la poca miel que puedan encontrar allí. Las abejas de la colmena abierta en la que se está operando defienden sus provisiones luchando contra las pilladoras. Éstas intentan ingresar en las otras colmenas de los alrededores para continuar recogiendo miel. El combate se incrementa. Y en el ardor de la lucha, todo se convierte

Primer método

Se quita la tapa de la colmena. Con un rociador y agua limpia se "baña" ligeramente la colonia. Esta lluvia fina hará que se adhieran las alas a los cuerpos de las abejas, neutralizando sus movimientos. Se vuelve a tapar la colmena y un cuarto de hora después se podrá operar normalmente. Sin embargo, se recomienda este procedimiento solamente si la temperatura está entre 20 y 25 grados Celsius.

Segundo método

Una hora antes de la visita, se transporta la colmena irritada a una cierta distancia. En su sitio se coloca un cajón de colmena vacío. Éste recibirá las abejas más viejas, que son las más agresivas. Entonces se visita la colmena deseada, que está en otra posición. Una vez finalizado el trabajo en dicha colmena, se retorna a su sitio original, luego de desplazar el cajón que recolectó las abejas viejas. Éstas retornarán a su colmena.

Obviamente, yo nunca me vi obligado a utilizar estos métodos. Utilizando la Colmena del Pueblo, no hay necesidad de realizar muchas visitas y aperturas de la colmena.

Picaduras

Si por casualidad somos picados por una abeja, es recomendable elegir una de las siguientes acciones: recurrir a la succión del veneno, mojar con una solución amoniacal, o una solución de hipoclorito de sodio, frotar la zona de la picadura con una hoja de puerro o de perejil.

SEGUNDA ACCIÓN

En cualquier operación apícola, lo segundo debe ser esperar hasta que se escuche el zumbido característico de la colmena. Recién entonces, se abrirá la colmena.

Inspección de colonias dudosas: el auxiliar ahúma la colmena a través de la entrada. Luego el operador, después de haber retirado el techo y el cojín

Una vez retirado el techo y el cojín, desenrollar el lienzo. Por último, mientras que el auxiliar fuma suavemente la parte superior del cajón más alto, el operador pasa la escobilla de goma en los bastidores y en el espesor de las paredes para eliminar propóleos.

1er caso - Durante esta operación se ve un grupo de abejas en la colmena.

Se devuelve el techo y el cojín a su lugar, y se procede a realizar la visita de primavera, es decir, limpiando la bandeja. Si pasados ocho dias no se ve aún ingesta de polen, entonces se suprime esta colonia (véase lo que se indica en el capítulo de "invernada").

2do caso - Al operar como está indicado en el 1er caso, no se observa ningún grupo de abejas en la colmena. Podemos concluir que esa colmena está muerta. Algunas abejas dispersas aquí y allá en la colmena, deben considerarse equivalentes a muertas.

Estas colmenas deberán limpiarse. Sus panales, si están en buen estado, serán utilizados si es necesario; de lo contrario deberán protegerse contra los roedores, como se indica en el capítulos referente a la invernación.

36

Visita de Primavera

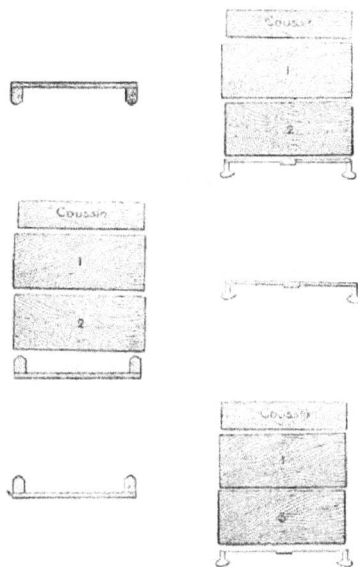

Esquema de tres posiciones de la colmena Posición 1. Posición 2. Posición 3

No HAY NADA QUE HACER EN LA COLMENA.

Cada caja de la Colmena del Pueblo pasa por las manos del apicultor como mínimo, una vez cada tres años. En esas circunstancias se puede limpiar la colmena fácilmente y a fondo.

Por lo tanto, la limpieza de la cámara de cría es inútil. Realizarla sería hasta dañino, porque se la enfriaría considerablemente. Por lo tanto, debemos evitar limpiar la cámara de cría, incluso ponerla al descubierto sin motivo.

Durante la visita de primavera a la Colmena del Pueblo, podemos proceder a su ampliación.

LIMPIEZA DEL PISO

El piso necesita limpieza. De todos modos, puede limpiarse sin peligro de enfriar la cámara de cría. Para realizar esta limpieza,procederemos como se indica a continuación:

1- El apicultor coloca una base cerca de la colmena. El auxiliar envía un poco de humo por la entrada de la colmena. Cuando las abejas comienzan a hacer su zumbido característico el apicultor saca el techo, y luego las dos alzas sin retirar el alza aislante, para colocarlos sobre la base. El auxiliar dirige humo por debajo de las alzas y más fuertemente sobre el techo si encuentra abejas allí ;

2- El apicultor limpia el piso con la palanca. El auxiliar limpia la ubicación de la bandeja. El operador vuelve a colocar el piso y verifica su estabilidad;

3- El auxiliar envía suavemente un poco de humo debajo de las dos alzas. El apicultor toma ambas alzas, siempre con el alza aislante encima, para apoyarlos nuevamente sobre el piso;

4- El auxiliar envía humo más fuertemente ahora, por debajo de las dos alzas y sobre todo, en el piso, para evitar el aplastamiento de las abejas. El apicultor coloca las dos alzas sobre el piso con la posición fría.

POSICIÓN FRÍA Y POSICIÓN CALIENTE

La disposición de los cuadros determina si la colmena está en el formato "cálido" o en el formato "frío".

En la posición "caliente", los panales son perpendiculares a las paredes izquierda y derecha de la colmena. Con esta disposición, el aire que ingresa a través de la entrada se encuentra con los panales, y el calor de la colmena escapa con menor rapidez. La colmena en este formato "caliente" es la disposición más conveniente para ser utilizada en el invierno.

En la colmena en formato "frío", los panales son perpendiculares a las caras anterior y posterior de la colmena. Con esta disposición el aire que ingresa en los panales lo hace sin restricciones, por lo que se enfría más rápidamente la colmena. El formato "frío" es el diseño para el verano.

El diseño de la colmena del pueblo permite elegir a voluntad una u otra disposición de los panales.

ESTADO DE LAS PROVISIONES

En un colmenar bien manejado, no hay que ocuparse de las provisiones en la visita de la primavera. La abeja es económica, no consume jamás más de lo que necesita (acorde a lo que conocemos).

Sin embargo, si Ud. no está seguro de que las abejas tengan lo necesario, deberá realizar un inventario de provisiones antes del primer día lindo. En los "trabajos de otoño" está indicado cómo deberá proceder. Si usted constata que sus colonias están escasas de provisiones, o Ud. sabe que no tienen las provisiones suficientes, será importante su alimentación extra antes del agotamiento de las provisiones.

Sin embargo alimente lo más temprano en la primavera, porque la alimentación de primavera siempre es perjudicial, y más cuando se realiza tarde.

Es importante darle a la colonia al menos el doble de lo que en teoría necesita, porque así estamos cubiertos en caso de una alimentación extra de la cría, que requiere una cantidad de calor suplementaria. En fin, es muy conveniente alimentar rápidamente, para lo que recomendamos la utilización del alimentador para primavera de nuestra preferencia.

37

Ampliación de la Colmena

En el verano, las abejas necesitan más espacio para albergar cría y miel, y también para sufrir menos el calor. Si a la colonia le falta espacio, enjambra. Entonces la cosecha de miel se ve disminuida.

ÉPOCA

En la Colmena del Pueblo, nosotros no debemos temer al enfriamiento de las crías. Debemos agrandar lo suficientemente temprano el nido de cría para evitar la enjambrazón. Esta ampliación se realizará al menos 15 días antes del flujo principal de néctar. Incluso puede hacerse en la visita de primavera, o en las vacaciones de Semana Santa, si se dispone de tiempo en ese momento.

CANTIDAD DE CAJAS

Durante todo el año la Colmena del Pueblo debe tener al menos dos cajas. En el momento de la ampliación se pueden agregar una o más, dependiendo de la fuerza observada en la colonia. La cantidad de abejas entrando y saliendo es un indicador de la fuerza de la colonia.

Se clasifican las colmenas en fuertes y medianas. Las débiles han sido eliminadas en el otoño. En las regiones donde la cosecha promedio anual es de 15 a 20 kg, se agrega una caja a las medianas, y dos a las fuertes. En regiones donde es de 20 a 30 kg, entonces agregamos dos a las medianas, y tres a las fuertes.

Obviamente, pueden agregarse esta cantidad de cajas en varias veces, con unos días de diferencia, siempre que la colmena no se quede sin espacio. De hecho, podría suceder que esta cantidad aún no sean suficientes. Yo he tenido Colmenas del Pueblo con siete cajas.

AGREGAR UNA CAJA

Para adicionar una caja a la Colmena del Pueblo, se debe proceder de acuerdo a los siguientes pasos:

1- El auxiliar, luego de haber preparado la caja 3 a agregar, dirige unas bocanadas de humo a la colmena (1,2). Cuando las abejas comienzan su zumbido, quita el techo;

2- El apicultor toma las dos alzas y el alza aislante y las coloca sobre una base apoyo para cajas. El auxiliar envía humo sobre las cajas y, con más intensidad, sobre el piso si éste tiene abejas, para evitar que éstas se aplasten. El apicultor toma la caja 3, vacía de abejas pero preparada, y la coloca sobre el piso con la disposición "fría";

3- El auxiliar envía suavemente un poco de humo sobre las cajas 1,2. El apicultor toma ambas cajas y las coloca sobre la caja 3 en disposición "fría".

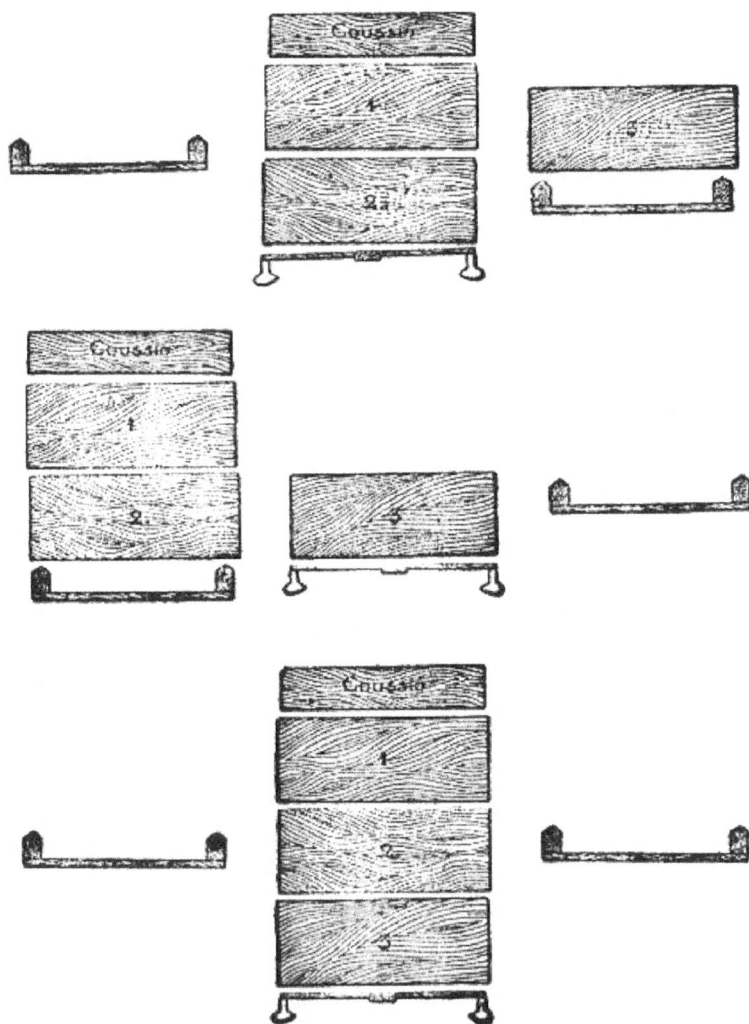

Ampliación de la Colmena del Pueblo.

38

Monitoreo del Apiario

Aquel apiario en el que se hayan realizado la visita de primavera y la ampliación de sus colmenas como lo hemos indicado, podrá dejar que progrese por sí solo, sin mayor daño.

Se perderá algún enjambre por aquí o por allá. Pero obtendremos también una buena cosecha de miel.

Sin embargo, aquellos apicultores que puedan, sin grandes gastos, visitar los apiarios de vez en cuando, es conveniente que echen un vistazo rápido a todas sus colmenas. Deben observar dos cosas en cada colmena: si el ingreso y salida de abejas es normal, y la existencia o no de una barba de abejas.

IDA Y VENIDA DE LAS ABEJAS

Las abejas deben ir y venir con regularidad, con más frecuencia a medida que avanza la temporada. Algunas deben ingresar portando polen.

Si es así, a pesar de no abrir la colmena, podemos concluir que todo marcha bien en su interior.

LAS ABEJAS FORMAN UNA "BARBA"

En este caso, hay peligro de que la colmena esté por enjambrar, y es importante tomar una medida inmediatamente.

En primer lugar, hay que verificar si la colmena está en una ubicación sombreada, si no recibe el sol directamente al mediodía, y si tiene la cantidad de cajas necesaria.

Luego, si fuera necesario, se procederá a la permutación, y, en último caso, a la aereación.

PERMUTACIÓN

Es frecuente encontrar en un apiario una colmena extraordinariamente fuerte, que necesitaría que se le agregaran varias cajas. Yo prefiero intercambiar su posición con la de una colonia más débil. De esa forma, se logra que todas las colmenas del apiario tengan fuerza similar.

La permutación se realiza de noche, luego de la puesta del sol. Se ahúman ligeramente las dos colmenas, y se les quitan sus techos y alzas aislantes. Se necesitan dos operadores, uno para cada colmena. Cada operador pasa una cuerda por debajo de los dos pies de la colmena y ata los extremos de la cuerda de forma que ésta resulte de una altura de un 10 centímetros bajo sus manos. De esa forma se evita que la diferencia de estatura de ambos operadores desestabilice a la colmena, perdiendo su horizontalidad. De esta forma, el transporte se realiza con facilidad.

VENTILACIÓN

En climas muy calurosos, especialmente si las colmenas no están bien protegidas del sol, el agregado de cajas o la permutación de colmenas no siempre evitarán que se formen "barbas" de abejas. En estos casos será necesario ventilar las colmenas para facilitar la salida del aire caliente. Para esto, se fabrican tres tacos de madera a partir de un viejo listón porta-panal ("top bar"). Se colocan dos o tres de estos tacos sobre dos o tres listones porta-panales de la caja superior, por debajo del lienzo, abarcando el espesor de su pared posterior. Luego se vuelven a colocar en sus lugares el lienzo, el alza aislante y el techo. Para que el techo no impida la salida del aire caliente de la colmena, simplemente se lo coloca desfasado hacia atrás lo más posible.

ENJAMBRES DÉBILES

En el verano puede haber ocasión de recuperar las colonias débiles. Cuando se interrumpe el flujo de néctar, estas colonias deben ser alimentadas todos los días a razón de 100 gramos de jarabe por día. Nuestro pequeño alimentador se adapta perfectamente para esta función.

Es importante que estas colonias tengan, en el otoño, dos cajas completamente trabajadas. Las provisiones pueden ser completadas. Ya no se construyen más panales.

HORMIGAS

Sucede a veces que las colmenas son invadidas por hormigas. Para evitarlo, se deben colocar los pies de las colmenas dentro de cajas llenas de cualquier líquido. Otra forma es envolverlos con una cinta recubierta de grasa espesa.

39

Miel en Secciones

Por lo general la miel en sección de panal no es una buena alternativa, porque yo estimo que cuesta tres veces más que la miel extraída. Pero puede ocurrir que los apicultores encuentren algunos compradores aficionados aún a ese precio.

De cualquier manera, la miel en sección puede permitir a los apicultores realizar regalos más agradables, o satisfacer su gusto personal.

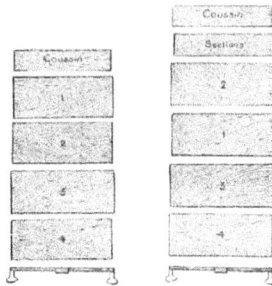

Miel en secciones

40

Material de las
Secciones

Ahora bien, la Colmena del Pueblo con panales fijos es más adecuada que cualquier otra para producir rápidamente hermosas secciones de panal.

Para producirlas, primero se debe construir una caja especial, cuya altura deberá ser del tamaño de las secciones y sus dimensiones internas, lo más cerca posible de las dimensiones internas de la Colmena del Pueblo, de modo que no exista espacio vacío alrededor de las secciones.

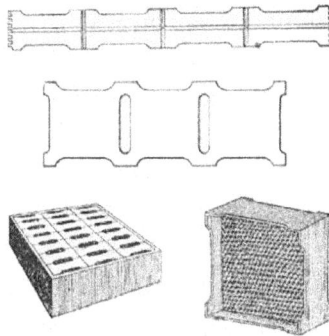

Sección abierta - Separador - caja especial con secciones - Montaje de sección

No es necesario que las dimensiones de las cajas sean exactamente las mismas. A continuación veremos cómo proceder:

Las colmenas se agrandan como de costumbre. Cuando el flujo de néctar está ya avanzado, cuando ya hay algo de miel en la caja superior, al menos cinco kilogramos, entonces quitamos esta caja, que llamaremos caja 1. También quitamos lal caja siguiente, que llamaremos caja 2. Si hay miel operculada en la caja 1, procedemos a desopercularla. A continuación, sobre la caja siguiente, denominada caja 3, colocamos la caja 1. Sobre la caja 1 se ubica la caja 2, y arriba de la caja 2 se coloca la caja que contiene las secciones.

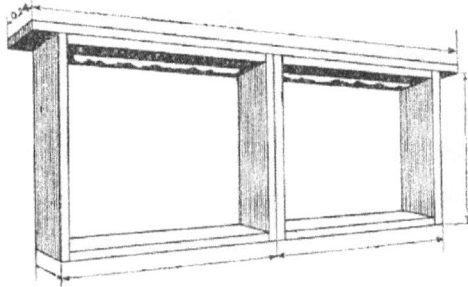

Para reemplazar las secciones americanas, se fijan dos cuadros de 14,3 x 11,3 cm a un listón porta-panal. Se colocan ocho listones equipados de esta manera en un caja de altura 13 cm, en lugar de 21.

Bajo la caja que contiene las secciones está la cría. Por lo tanto, hay poco espacio para almacenar el néctar que ingresa diariamente. Como consecuencia, las abejas colocarán el néctar nuevo preferentemente en las secciones.

Además, las abejas nunca dejan mucho tiempo la miel por debajo de sus crías. Tenderán a subir la miel de la caja 1 a la caja especial que contiene las secciones. De esa forma, resulta una cantidad considerable de miel en las secciones. Es todo lo que se necesita para producir atractivas secciones.

Y debemos tener en cuenta que aquí las abejas no tienden a enjambrar, como ocurre en otras colmenas al construir secciones.

Porque en la Colmena del Pueblo siempre podemos dejar a las abejas espacio libre por debajo de la cría, en la caja 3, o en otras cajas que uno puede agregar si es necesario.

Nota: En las secciones un simple iniciador de cera es suficiente para que se produzcan en forma más regular.

Las secciones deben ser monitoreadas. Deben quitarse tan pronto como las celdas sean operculadas.

41

El Flujo de Néctar

El objetivo principal de la apicultura es sin duda la producción de miel. Ahora, ¿qué se necesita para que las abejas instaladas en una colmena puedan llenarla de miel?

FLORES

Las flores son las principales proveedoras de néctar. Así que se necesita de flores para un buen flujo de néctar.

Sin embargo, las abejas pueden fabricar miel sin que exista una sola flor en la región. Encuentran el néctar en las hojas de ciertas plantas: arvejas, salsifis, etc., y de ciertos árboles: roble, fresno, tilo, etc.

TEMPERATURA

La temperatura juega un rol muy importante en la producción de la miel. Si la temperatura es favorable, hay néctar hasta en las hojas. Si no es favorable, no hay néctar en ninguna parte, ni siquiera en las flores.

Para la producción de miel se necesita una temperatura cálida, del orden de los 20o C. La humedad del cielo y del aire incrementan la producción. Una sequía o una tormenta la detienen. El viento más favorable es el del sudeste. Por el contrario, el del norte la detiene.

NÉCTAR

La miel de la que nos alimentamos no es lo que ingresan las abejas pecoreadoras.

La miel, cuando sale de la flor, trae cerca de un 75% de agua; por eso se le llama néctar, para distinguirla de la miel, que debe tener entre 20 y 25%.(*)

El agua en exceso del néctar es evaporada gracias a la temperatura y a la ventilación realizada por las abejas.

UBICACIÓN DE LA MIEL

De regreso a la colmena, las pecoreadoras distribuyen su néctar en varias partes, para así ahorrar tiempo y facilitar la evaporación. Pero, tan pronto como tengan el tiempo y la oportunidad, trasladarán el néctar a su lugar definitivo, por encima y sobre los costados de la cría; nunca lo dejarán por mucho tiempo por debajo.

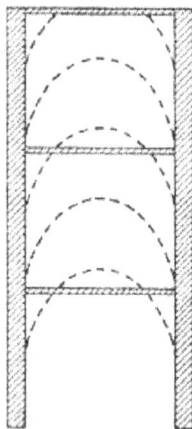

Corte longitudinal de colmena de tres cajas: las líneas punteadas indican los límites inferiores de las posiciones sucesivas de la miel a medida que es acopiada, comenzando por la parte superior. Como consecuencia, la cría desciende

(*) Nota del traductor: en realidad, ahora sabemos que hay mieles hasta con un 17% de agua

42

Método Heroico

LA CRÍA ES PERJUDICIAL DURANTE EL FLUJO DE NÉCTAR

La cría retiene en la colmena muchas abejas que podrían estar buscando alimento. Es debido a esto que muchos apicultores han intentado de varias maneras disminuir, e incluso, suprimir la cría durante este período. Los métodos empleados condujeron a desastres, al ir en contra de las leyes de la naturaleza. Sucedió también que algunas veces no se obtuvieron los resultados esperados, porque se aplicaron antes de que comenzara el flujo de néctar. En realidad, es imposible conocer de antemano con exactitud la fecha de comienzo del flujo principal de néctar, ya que la temperatura lo anticipa o lo posterga.

UN BUEN MÉTODO.

Cuando se realiza el trasiego desde una colmena rústica, nosotros recomendamos eliminar la cría. Es la oportunidad de realizar dicha supresión sin trabajo adicional y con buenas posibilidades de obtener un buen resultado, siempre que que se realice la operación, obviamente, al inicio del flujo principal de néctar. Y esta supresión puede realizarse en todas las colonias.

Al comenzar el gran flujo de néctar, cuando aparecen las primeras flores de esparceta en los países en los que ésta se cultiva, se hace descender a las abejas hacia abajo con cajas vacías con iniciadores de cera. Se elimina toda la cría y se cosecha la miel y la cera. Si en los tres días siguientes las abejas no logran salir, entonces deben ser alimentadas. En esto radica el riesgo de este método, aunque ocurre en contadas ocasiones. Si no sucede lo anterior, las abejas, forrajeras valientes, y sin la necesidad de ocuparse de sus crías, realizarán una gran cosecha.

Obviamente, será necesario proveer a la colonia de una cantidad de cajas con iniciadores de cera igual a las que se han retirado con panales construídos.

Todas las colonias elegidas para aplicar el "método heroico" recibirán tres cajas en el momento de la ampliación de la primavera.

Cuando haya llegado el momento de la organización de estas colmenas, es decir, las primeras flores de sainfoin, o cuando hayamos notado los primeros enjambres naturales en la región, procederemos a la organización final de estas colmenas.

Será prudente dotar a cada colmena de una piquera con rejilla, para que la reina no pueda escapar durante la operación. Luego, las abejas serán bajadas de las dos cajas más altas, donde habían pasado el invierno; lo mismo se hará para la primera caja siguiente, si las abejas ya se han establecido allí.

Se cosechará la miel de estas cajas, se retirarán las crías y se derretirá la cera. Luego debemos cubrir la colmena, y a continuación ahumar en la piquera para deshacerse de todas las abejas; finalmente se quitará tal puerta.

Cuando todas las abejas hayan regresado a la colmena, un momento después o al día siguiente, si es necesario, pondremos dos o tres cajas por debajo de las que dejamos, de modo que la colmena quede con cinco cajas.

Durante el flujo de miel, si es abundante, puede ser necesaria una caja adicional; pero es probable que la caja más alta tenga suficientes panales operculados como para ser cosechada y colocada en la colmena debajo de las otras.

El método heroico asegura así una cosecha más abundante:

también permite fácilmente la ampliación del apiario. La cosecha de estas colmenas podría realizarse a principios de julio. Como resultado, estaremos en posesión de cajas nuevas, por lo que serán utilizables. Estas cajas pueden ser guardadas para la expansión en la siguiente primavera.

También se pueden usar desde julio para la ampliación del colmenar; sería suficiente dar a dos de estas cajas una pequeña colonia, ya sea un enjambre salvaje, un enjambre artificial o incluso una colonia salvada de la sulfuración; estas pequeñas colonias utilizadas de otro modo no tendrían ningún valor, pero instaladas con los panales construidos tendrán tiempo para desarrollarse antes del invierno, siempre que se les proporcione suficiente alimento; si la mielada no alcanza, será necesario alimentarlas de vez en cuando.

Nuestro alimentador pequeño es especialmente adecuado para este trabajo.

A finales de agosto solo será necesario complementar las provisiones de invierno como en las otras colmenas.

Al año siguiente, estas colonias pueden ser tratadas como las demás y dar la misma cosecha.

43

Multiplicación de las Colmenas en un Apiario

Para multiplicar el número de colmenas de un apiario, se pueden utilizar los mismos medios que para poblar una colmena: núcleos de criadores, enjambres, colmenas rústicas. Se puede también recurrir a la enjambrazón artificial.

Nos referimos al capítulo "Poblamiento de una Colmena". Diremos algunas palabras sobre los enjambres naturales y también comentaremos cómo se realiza la enjambrazón artificial.

44

Enjambres
Naturales

El operador, con el humo, logra que las abejas del enjambre se desplacen a una Colmena del Pueblo colocada encima. En la tardecita, llevará la colmena a su sitio definitivo.

SU PROPIEDAD

Cuando usted sabe que un enjambre está saliendo, ya sea de su apiario o de otro lugar, sígalo. Cualesquiera sea el terreno donde él ingrese, nadie puede negarle a usted la entrada. Cuando se ubica en determinado lugar, puede tomar posesión de él colocando cerca a una persona que lo represente a usted, o un objeto que le pertenezca. Ese enjambre le pertenece a usted. Donde sea que se encuentre, usted puede hacer lo necesario con él. Solamente le debe a los demás por algún daño que les haya usted ocasionado.

CÓMO PREVENIRLO

Cuando una colonia está próxima a enjambrar, se forma una "barba" de abejas en la entrada a la colmena, porque ésta se ha tornado demasiado pequeña, ya sea por un incremento de su población, o por un aumento de la temperatura en su interior.

Se escucha a menudo el "grito" de las reinas jóvenes. En la entrada de la colmena, temprano en la mañana, hay un zumbido inusual. Los zánganos hacen su sonido característico.

El enjambre puede partir en el tiempo entre dos aguaceros, o después de una tormenta eléctrica, entre las 8 y las 16 hs. Su salida puede demorarse debido a un fuerte viento del oeste, o si el barómetro anuncia una lluvia intensa.

CÓMO HACER PARA QUE SE DEPOSITE

Se hace incidir sobre el enjambre un rayo de luz solar mediante un espejo de mano, o se rocía con una lluvia fina mediante un spray. El enjambre se agrupará de inmediato y se depositará en el árbol más cercano.

CÓMO RECIBIRLO

Espere que el enjambre se agrupe, y vaya preparando una caja, pasándola por una llama de modo de destruir sus insectos y telarañas, y liberar olor a cera, si se trata de una caja previamente usada. Humedezca sus paredes con unas gotas de miel.

Cuando el enjambre ya está agrupado, ahúmelo ligeramente. Utilice un velo de protección. Coloque la caja con la abertura hacia arriba, por debajo del enjambre. Realice uno o dos golpes secos sobre la rama sobre la que está depositado. Ascienda con suavidad la caja y deposítela allí sobre una base para colmenas.

Si las abejas comienzan a batir sus alas y se acercan a la caja, entonces su operativo ha resultado exitoso, y puede irse.

De no ser así, especialmente si las abejas comienzan a depositarse nuevamente en la rama donde estaban, espere que se reagrupen allí, y repita la operación anterior.

En las páginas siguientes, mostramos distintas posiciones de un enjambre e indicamos la forma de tomarlo.

SU INSTALACIÓN

Si el enjambre va a ser instalado a menos de tres kilómetros de distancia, deberá ser llevado a su lugar definitivo esa misma tarde, cerca de la puesta del sol.

Es conveniente flamear la nueva colmena para eliminarle cualquier mal olor que pudiera portar, y frotarla por afuera y por adentro con melisa o toronjil, o con menta.

LA ALIMENTACIÓN

Si el flujo de néctar se detiene por más de dos días, será necesario alimentar al enjambre tan abundantemente como sea posible, ya que es necesario el alimento para la construcción de panales.

El apicultor golpetea la rama para hacer caer a las abejas dentro de la colmena del pueblo, luego el auxiliar la orienta en la dirección correcta, colocándola sobre una base para colmenas. En la tarde, será llevada a su lugar definitivo.

El operador con un cepillo hace caer a las abejas dentro de una colmena del pueblo. Después el auxiliar la girará y colocará sobre una base para colmenas. De tardecita, será transportada a su lugar definitivo.

45

Enjambrazón
Artificial

UTILIDAD

La enjambrazón artificial es un método muy práctico de poblar las colmenas.

Esperar el ingreso de enjambres naturales es una larga aventura que puede insumir mucho tiempo. En cualquier caso, nunca se puede estar seguro de retener dichos enjambres.

Comprar núcleos es un gasto no siempre redituable; además, no siempre proveen abejas de buena calidad.

ÉPOCA

El mejor momento para ejecutar la enjambrazón artificial es al comienzo del flujo principal de néctar, cuando comienzan a verse los primeros enjambres naturales en la zona.

En dicha época, el proceso es más sencillo y la fecundación de las reinas jóvenes se realiza de una mejor manera.

NÚMERO DE COLONIAS

¿ Debemos partir de dos colonias, o solamente de una,

para realizar la enjambrazón artificial (producción de núcleos) ? Se puede, ciertamente, tener éxito partiendo de una colonia sola. Pero siempre que sea posible, es más prudente operar a partir de dos colonias. Quince días después, puede obtenerse otro núcleo a partir de las mismas dos colonias.

Explicaremos, como consecuencia, los dos métodos.

EL DÍA Y LA HORA

Se debe operar durante un día de buen tiempo, si el día precedente también fue bueno. Puede realizarse entre las 11 y las 15 hs, preferiblemente a las 11 hs.

SELECCIÓN DE LAS COLONIAS DE PARTIDA

Siempre operaremos sobre las mejores colonias.

Estas colonias tienen abundante población, lo que facilitará nuestro trabajo. Además, al operar desde colonias fuertes, realizaremos una útil selección de abejas, sin mucho trabajo.

REINA FECUNDADA

La utilización de reina fecundada en la preparación de un núcleo (enjambrazón artificial) no solo es útil, es muy útil. El núcleo se favorece con un gran adelanto.

Además, si la reina fue comprada en otro sitio, se le aporta sangre nueva al apiario que siempre mejorará la raza. Esta mejoría será más importante si se le aporta al núcleo una reina de raza italiana de buen origen.

Si usted no está seguro del buen origen de la reina que está por comprar, o si tiene dudas acerca de si la reina no fue criada siguiendo los métodos "modernos" o "artificiales", entonces no debe comprar la reina, y quédese satisfecho con la que sus propias abejas le criarán.

PROCEDIMIENTO

Para producir un núcleo mediante enjambrazón artificial, sea que provenga de dos colonias, o solamente de una, o de una reina fecundada, se procederá como se indica en los siguientes capítulos.

ALIMENTACIÓN

Si en el núcleo (enjambre artificial) y en la colmena de donde procede no hay panales de miel, y se ha cortado el flujo de néctar por más de dos días, entonces se deben alimentar ambos, y en forma más abundante si deben estirar panales.

231

46

Método de Hacer
un Núcleo a Partir
de una Colonia

1 - Elija una buena colmena que justifique ser multiplicada; sea ésta la colmena 1,2,3 del dibujo adjunto.

2 - Coloque la colmena 4 al lado de la colmena 1,2,3. La colmena 4 consiste de un cuerpo de colmena sin abejas, pero con iniciadores de cera en sus listones porta-panales. (ver la posición 1 en el dibujo). Tenga preparados una tela y un alza aislante para cubrir esta colmena 4.

3 - Envía algo de humo por la piquera de la colmena 1,2,3, sólo lo suficiente para que las abejas se calmen. El ahumar en exceso provoca que las obreras y la reina se muevan a lo más alto de la colmena 1,2,3; es decir, a la caja 1. En dicho caso, la operación demandará más tiempo.

4 - Cuando las abejas comienzan con su zumbido, descubra la colmena 1,2,3, retire el alza aislante y la cubierta de lona. Ahúme abundantemente. Limpie la parte superior de los listones porta-panales. Ahúme intensa y rápidamente entre los panales.

5 - Cuando la mayoría de las abejas de la caja 1 han descendido a la caja 2, tome la caja 1 y colóquelo sobre la colmena 4, de

Método
de Hacer
un Núcleo
a Partir
de una
Colonia

la que previamente se habían sacado el alza aislante y la cubierta de lona. Si con la caja 1 han ido unas pocas abejas, no las tomamos en cuenta; en cambio vemos que hay abundantes abejas que se arraciman, entonces debemos hacerlas descender con humo más abundante. La reina podría encontrarse en dicho racimo de abejas. Esto sucede, sobre todo, en tiempo frío, o en caso de que hayamos ahumado demasiado abundantemente desde abajo (por la piquera).

6 - Se cubre la colmena 1,4 con su tela y su alza aislante. Se pasa humo por la colmena 2,3. Se limpian los listones porta-panales de la caja 2, se tapa con su tela y su alza aislante (ver la segunda posición en el dibujo).

7 - Retire la colmena 2,3 y llévela lo más lejos posible dentro del colmenar. Podría retirarse una distancia de solo dos o tres metros, pero en ese caso deben colocarse ramas frondosas entre medio de ambas colmenas para dejar bien determinada su separación, y obligar a las abejas a desviarse para ir de una colmena a la otra.

8 - Intercambiar las posiciones de las colmenas 1,4 y la 2,3..

9 - Reduzca las piqueras de ambas colmenas como en invierno durante unos días. Retórnelas al tamaño normal cuando el ir y venir de las abejas se normalice.

OBSERVACIÓN

Si la reina ha descendido a las cajas 2 y 3, ella continuará su postura allí. Si se realiza la maniobra al comienzo del flujo principal de néctar, y habiendo dejado a principios del otoño solo las provisiones necesarias en la caja1, entonces ahora allí existirá cría, con la que las obreras criarán una reina.

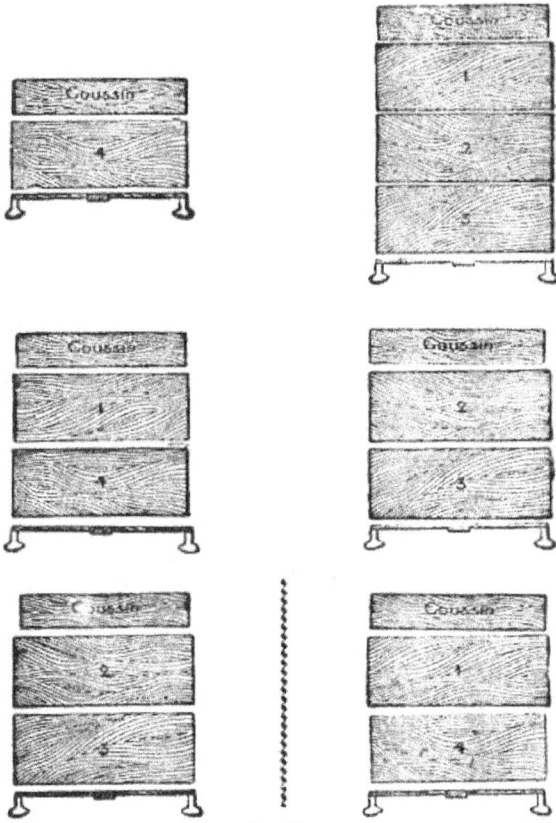

MÉTODO
DE HACER
UN NÚCLEO
A PARTIR
DE UNA
COLONIA

Posiciones de cajas en enjambrazón con una colonia enjambrazón artificial a partir de una colonia

47

Método de Hacer un Núcleo a Partir de Dos Colonias

1 - Elija una buena colonia que amerite ser multiplicada, en el esquema es la colonia dentro de la colmena 1,2,3. Seleccione también una colonia fuerte en población, en el esquema se trata de la colonia en la colmena 5,6,7. Las colmena 1,2,3 y la 5,6,7 deberán estar a una distancias de al menos dos o tres metros una de la otra. De lo contrario deberán ponerse ramas frondosas entre una y otra para indicar claramente la separación y obligar a las abejas a realizar un desvío para ir de una colmena a la otra.

2 - Coloque a la colmena 4 junto a la colmena 1,2,3. La colmena 4 tiene un piso, no tiene abejas, pero está lista para recibirlas, con listones porta-panales con iniciadores de cera. También se tienen preparados un lienzo y un alza aislante para cubrir a esta colmena.

3 - Ahúme con suavidad por la piquera de la colmena 1,2,3, con el propósito de calmar a las abejas. Si se echa humo de más, las abejas y la reina subirían a la parte alta de la colmena. La operación, entonces, se haría más prolongada.

4 - Cuando las abejas comienzan su zumbido característico,

Método
de Hacer
un Núcleo
a Partir
de Dos
Colonia

se quita de la colmena 1,2,3 el alza aislante y la cubierta de lona. Se ahúma intensa y rápidamente entre todos los panales.

5 - Cuando la mayor parte de las abejas de la caja 1 han descendido a la caja 2, se quita la caja 1 y se coloca sobre la colmena 4, a la que previamente se le habían retirado el lienzo y el cajón aislante.

Algunas abejas aisladas que queden en la caja 1 no serán tenidas en cuenta. Si, por el contrario, hay abejas apelotonadas, deberán ser extraídas utilizando humo en forma más abundante. La reina podría estar dentro de dichos racimos de abejas. Esto sucede especialmente cuando hay clima frío, o cuando se ha ahumado demasiado por la piquera de la colmena 1,2,3.

6 - Cubrir la colmena 1,4 con su tela y su alza aislante. Se ahúma la colmena 2,3, se limpian sus listones porta-panales, y se cubre con su tela y su alza aislante.

7 - Retire la colmena 5,6,7 y llévela lo más lejos posible dentro del colmenar. Sin embargo, una distancia de dos o tres metros puede ser suficiente, pero, en este caso, es conveniente colocar ramas entre las dos colmenas, para indicar claramente la separación la colmena 5,6,7 y aquella que la reemplazará (colmena 1,4), y obligar a las abejas a realizar un desvío para ir de una a otra.

8 - Intercambiar las posiciones de las colmenas1,4 y la 5,6,7.

9 - Reducir la piquera de las tres colmenas, como lo haría en el invierno. Mantener las piqueras reducidas unos días, hasta que el ir y venir de las abejas se normalice.

MÉTODO
DE HACER
UN NÚCLEO
A PARTIR
DE DOS
COLONIA

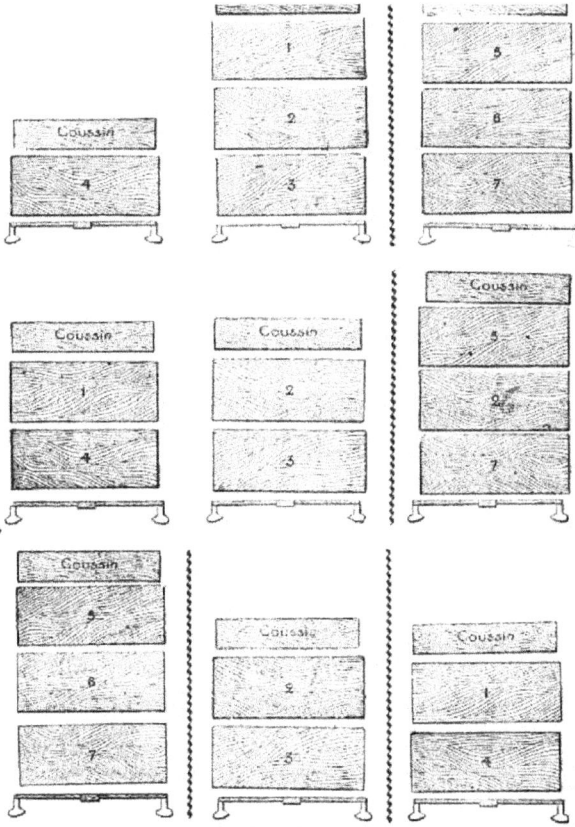

3 Posiciones de cajas en enjambrazón a partir de dos colonias

Hacer núcleos a partir de dos colonias

48

Introducción de Reinas

Utilidad de sangre nueva

En cualquier multiplicación, la introducción de sangre nueva siempre es útil.

Traiga, de tanto en tanto, una reina de sangre nueva, preferentemente italiana.

En un apiario de 30 o 40 colmenas, donde ya se ha realizado la selección durante años, la introducción de sangre nueva no es de la misma utilidad.

Además, lo reiteramos, no hay ventaja en comprar reinas cuando se dispone de un criador que realice una buena selección y que no practique el "método moderno" de cría de reinas, es decir, artificial.

En qué colonia introducir la reina

Si se trata de una reina de sangre nueva, deberá introducirse en una colonia de rendimiento inferior. De esa forma se estará sacrificando una reina pobre.

La otra posibilidad es asignar la reina nueva a un enjambre

artificial. Este procedimiento es muy sencillo, porque no requiere buscar la reina a sacrificar. Además, es suficiente para ir renovando la sangre de las colonias.

CUIDADOS A TENER CON LA REINA

Desde su llegada, la reina debe preservarse en un sitio fresco y oscuro, siempre encerrada en su caja de envío. Si su introducción se retrasa, deben verificarse sus provisiones y, si es necesario, completarlas; una gota de miel todos los días, que se dejará fluir a través del tejido.

PREPARACIÓN DE LA COLMENA RECEPTORA

Si se desea darle la reina nueva a un enjambre, entonces será en la colmena 1,4. Ésta indudablemente es huérfana, y nos libramos del trabajo de ubicar a su reina.

Cuando esta colmena se encuentra ya en su lugar definitivo, se ahúma suavemente por la piquera, se retira su techo, alza aislante y lona y se vuelve a ahumar con suavidad, esta vez desde arriba. Luego se introduce la jaula conteniendo la reina como se explica más adelante.

Si vamos a donar la reina a una colonia ya constituida, operaremos de la siguiente manera:

Se retira la reina vieja de la colonia a la que está destinada la nueva, y se destruyen todas las celdas reales que pudieran encontrarse allí.

Si desde entonces la colonia se ha mantenido huérfana varios días, asegúrese de que no ha nacido otra reina y destruya todas las celdas reales que hayan aparecido.

CÓMO ENCONTRAR LA REINA

Para encontrar la reina dentro de una Colmena del Pueblo, se procede de la forma siguiente:

- Ponga en un costado todas las cajas ocupadas de la colmena.

- Dependiendo de la fuerza de la colonia, ponga sobre su piso uno o dos cajas vacías.

- Por encima de la o las cajas vacías colocar la rejilla excluidora de reinas.

- Arriba de la rejilla excluidora colocar todos las cajas de la colmena que previamente habían sido colocadas a un costado.

- Descubra la caja más alta, ahúme intensa y rápidamente entre sus panales.

- Limpie la parte superior de los listones porta-panales..

- Cuando las abejas han abandonado la primer caja, opere de la misma forma con las otras.

- Cuando aparezca la rejilla excluidora, se encontrará allí a la reina, rodeada de zánganos. Se eliminará o se introducirá en una jaula, en caso de que quisiéramos utilizarla.

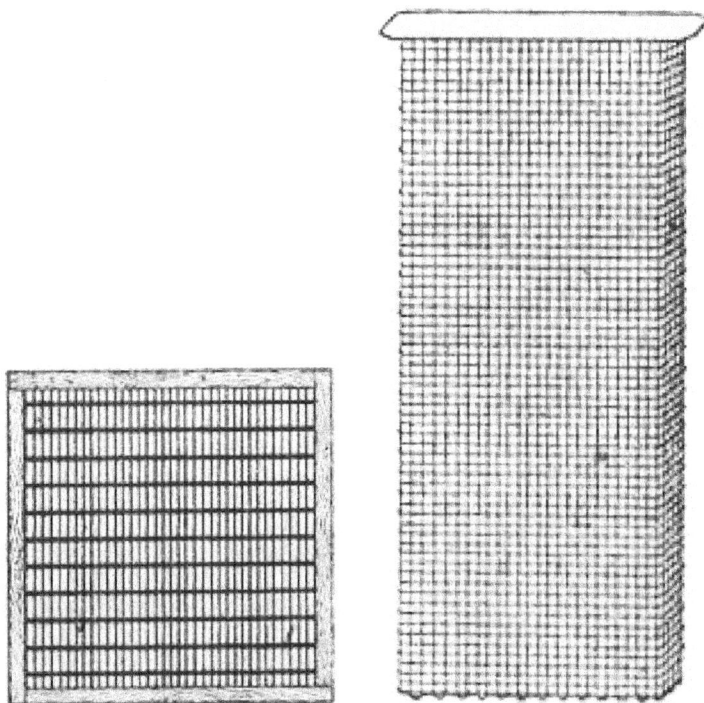

Dibujo de rejilla excluidora de reinas
Rejilla excluidora de reinas, fabricada de zinc perforado con ranuras de 4,2 mm de ancho.

Dibujo de caja de reinas
Caja de introducción de reinas (no a escala)

CAJA DE REINAS

La caja de reinas como la que se adjunta en el esquema, ha sido muy satisfactoria para nosotros. Tiene 1 cm de espesor, 4,5 cm de longitud y 11 cm de altura. El fondo no es cerrado. La altura es cerrada por un trozo de hojalata soldado, o simplemente por un pliegue de tejido de alambre. La tela metálica que se utiliza en las despensas de alimentos, es perfectamente utilizable.

CÓMO SE INTRODUCE LA REINA

Proceda a la introducción de la reina en forma inmediata, de la manera siguiente:

Opere preferentemente con buen tiempo y entre las 10 y las 11 de la mañana. Tome la caja conteniendo la reina. Retire el cartón que indica la dirección, que cubre la grilla.

Rasgue la pequeña tarjeta que cierra la abertura al lado de las provisiones y haga pasar dentro de su jaula a la reina con las abejas que la acompañan. Cierra esta jaula con un trozo de panal.

Coloque esta jaula entre los panales, en la parte superior de la caja de arriba de la cámara de cría.

Los panales deben contener un poco de miel, que deberemos desopercular antes de la introducción de la caja con la reina. De esta manera, las abejas que acompañan a la reina podrán llevar la miel a través del tejido de la caja.

MONITOREO DE LA REINA

Si después de 24 horas de introducida, se observa que el panal no ha sido

aún quitado, puede deberse a dos causas posibles:

que las abejas no estén cuidando de la reina

o bien, intentan acercarse tratando de pasar a través del tejido

En el primer caso, es casi seguro que existe una reina operculada o abierta

en la colmena. Deberá ser eliminada.

Si se da el segundo caso, significa que la reina introducida ha sido aceptada, por lo que debemos facilitar su liberación. Retire parte de la cera. Elimine cualquier obstáculo, sean abejas muertas o de otro tipo. Pero no retire toda la cera. Las abejas la irán retirando y liberarán a la reina lentamente, como debe ser.

Coloque nuevamente la caja entre los panales.

Revise todos los días, y vaya retirando los obstáculos, pero nunca la cera. Un pequeño pasaje será suficiente.

Nunca libere directamente a la reina.

Una vez constatado que la reina ha sido liberada, retire la caja de reinas de entre los panales. Unos días después se podrá verificar si la reina ha comenzado su postura de huevos.

49

Método Alternativo de Hacer un Núcleo a Partir de Dos Colonias

Primera Operación

Segunda Operación

13vo día después de la primera operación

Tercera Operación

24vo día después de la primera operación.

MÉTODO
ALTERNATIVO
DE HACER
UN NÚCLEO
A PARTIR
DE DOS
COLONIAS

En el caso de hacer un núcleo a partir de dos colonias, si no se le introduce una reina a la colmena huérfana 1,4, entonces se va a producir allí un enjambre secundario, o incluso terciario; dichos enjambres requerirán una estricta vigilancia. Ocurre a menudo que se van sin nuestro conocimiento y se pierden. La colonia se "agota" y termina sin ningún valor. He aquí cómo evitar dichos enjambres:

1 - Elegir dos buenas colonias (1,2,3,4) y (5,6,7,8). Estas colmenas deberán estar separadas una distancia de al menos tres metros. De no ser así, debemos colocar ramas con hojas entre ellas, de forma de diferenciarlas bien y obligar a las abejas a realizar un desvío para entrar en una u otra.

2 - Primera Operación
Colocar al costado de la colmena (1,2,3,4) un piso y una nueva caja 9.

3 - Ahumar suavemente por la piquera de la colmena (1,2,3,4), lo justo para calmar a las abejas. El exceso de humo haría que las abejas y su reina se movieran hacia la parte alta de la colmena, en cuyo caso, la operación se haría más prolongada.

4 - Cuando las abejas comienzan con su zumbido característico, se destapa la colmena (1,2,3,4), quitando el alza aislante y la lona que cubre los panales. Ahumar intensa y rápidamente entre los panales.

5 - Cuando las abejas de la caja 1 han descendido a la caja 2, coloque la caja 1 en un costado y tápela. Pueden ir abejas aisladas, que no serán tomadas en cuenta. Si hubiera todavía muchas abejas, entonces sí, deben bajarse con más humo. La reina podría encontrarse dentro de esos racimos de abejas. Operar de la misma forma con la caja 2.

6 - Colocar la nueve caja 9 sobre la colmena (3,4). Luego se tapa con tela, alza aislante y techo.

7 - Ahumar ligeramente por la piquera a la colmena

(5,6,7,8). Colóquela lejos, al menos a tres metros de distancia. Si estuviera más cerca, deben colocarse ramas con hojas entre ésta y las restantes.

8 - En el lugar ocupado antes por la colmena (5,6,7,8) arme una nueva colmena con un piso, la caja nueva 9 y las cajas 2 y 1, que estaban a un costado. Tápela con lienzo, alza aislante y techo.

9 - Segunda Operación (13 días después de la primera)
Ahumar ligeramente, por la piquera, a la colmena (1,2,9).
Para destapar esta colmena, pasar la palanca por sobre los listones portapanales, colocar las cajas 1 y 2 sobre una base de colmenas, colocar sobre la caja 9 un nueva caja 11. Sobre esta última, reubicar las cajas 2 y 1.

10- Ahumar como antes para hacer descender las abejas de la caja 1 hacia la caja 2; luego apartar la caja 1 tapándola..

11 - Hacer descender a las abejas desde la caja 2 a las cajas 9 y 11. Dejar la caja 2 tapada a un costado.

12 - Por encima de la caja 11, se coloca una nueva caja 12. Se cubre con tela, alza aislante y techo. Tenemos un enjambre secundario con una reina joven.

13 - Ahumar la colmena (5,6,7,8) y transportarla al menos a tres metros de distancia. De no ser así, colocar ramas de árboles frondosos entre esta colmena y las otras.

14 - En el lugar de la colmena (5,6,7,8) se coloca un piso, una nueva caja 13, y las cajas 1 y 2 que estaban a un costado. Tapar con lienzo, alza aislante y techo.

15 - Tercera Operación (24 días después de la primera)
Suprimir las cajas 1, 2 y 13, empleando sus abejas para fortalecer una, dos o tres colonias débiles.
Para llevarlo a cabo, se ahúman intensamente la o las colonias a fortalecer. Se destapa la colmena que va a recibir abejas, se

MÉTODO
ALTERNATIVO
DE HACER
UN NÚCLEO
A PARTIR
DE DOS
COLONIAS

coloca por encima nuestra rejilla excluidora de reinas. Por encima de la rejilla se coloca la caja 1 que deseamos vaciar de abejas. Se ahúma para hacer descender las abejas. Se saca la caja 1, y, si se encuentra la reina sobre la rejilla, se elimina. Finalmente quitamos la rejilla excluidora y tapamos la colmena débil que quisimos fortalecer.

Se realiza el mismo procedimiento con las otras dos cajas 2 y 13.

MÉTODO
ALTERNATIVO
DE HACER
UN NÚCLEO
A PARTIR
DE DOS
COLONIAS

50

Enfermedades de
las Abejas

Las abejas, como todos los seres vivos, tienen sus enfermedades. No nos detendremos en su descripción ni en indicar su remedio. Diremos una sola palabra, y por una buena razón.

POLILLA MAYOR DE LA CERA

Se reconoce por la presencia de grandes larvas grandes y telas entre los panales. Estos gusanos se asemejan a los gusanos de la carne; sus telas, a las telas de araña.

En realidad, la polilla mayor no representa una enfermedad. Ni siquiera podemos considerarla un enemigo de las abejas. Nos la encontramos en todas las colonias de abejas, incluso en las mejores. Pero las abejas de estas colonias no permiten a las polillas desarrollarse allí.

De hecho, este organismo se desarrolla solamente en las colonias débiles, pero no es el causante de dicha debilidad. No es más que una consecuencia. Se desarrolló en dichas colonias porque las abejas eran insuficientes en número para controlar este desarrollo.

Si se toman en cuenta mis consejos, si se eliminan las colonias débiles, ya sea en primavera o en otoño, no nos encontraremos jamás con colonias invadidas por esta polilla.

LA LOQUE

Se trata de una alteración de la cría en todos los estados de su desarrollo.

Las celdas que contienen las crías, en lugar de estar operculadas desde el sexto día como es la regla, se encuentran perforadas o desoperculadas.

De hecho, las larvas muertas se transforman en una masa pegajosa que se adhiere a cualquier objeto introducido en la celda, y se estira formando un filamento largo cuando se retira dicho objeto de la celda.

Finalmente, la cría muerta adquiere un olor intenso especial, que recuerda al de la cola para carpinteros. Yo no soy partidario de un tratamiento curativo para la loque. Desconozco el valor de los tratamientos recomendados. Pero cualquiera sea dicho valor, estimo que es entrar en un juego que no vale la pena.

Dejemos el uso de estos tratamientos a los científicos que desean continuar sus estudios sobre este punto. Nosotros nos encontramos forzosamente frente a una colonia débil; eliminémosla como a todas las colonias débiles, y sustituyémosla por un núcleo. Ganaremos tiempo, dinero y la miel.

Pero, en este caso, es conveniente tratar las abejas con azufre u otro medio, quemar los panales y flamear seriamente las paredes de los cajones de la colmena. O, mejor aún, sumergirlos en una solución blanqueadora de hipoclorito de sodio.

Se nos reprocha porque al usar la Colmena del Pueblo dejamos de usar métodos modernos que, dicen, son el futuro de nuestra apicultura. En realidad yo opino que estos métodos modernos significan la muerte de nuestra apicultura, y que solo el uso de la Colmena del Pueblo o de colmenas rústicas pueden salvarla. Confío en los siguientes hechos:

Las abejas han vivido durante siglos en colmenas de panales fijos, sin estos sufrimientos

No ocurre lo mismo con las colmenas y los métodos modernos. "Es un hecho" - dice Berlefech - "que la invasión de la loque en Alemania ocurrió en la misma época en que se difundieron las colmenas de cuadros. Antes de ese tiempo las colmenas apenas se manipulaban; la loque era rarísima, apenas se conocía. Pero desde entonces, es tan conocida como frecuente.

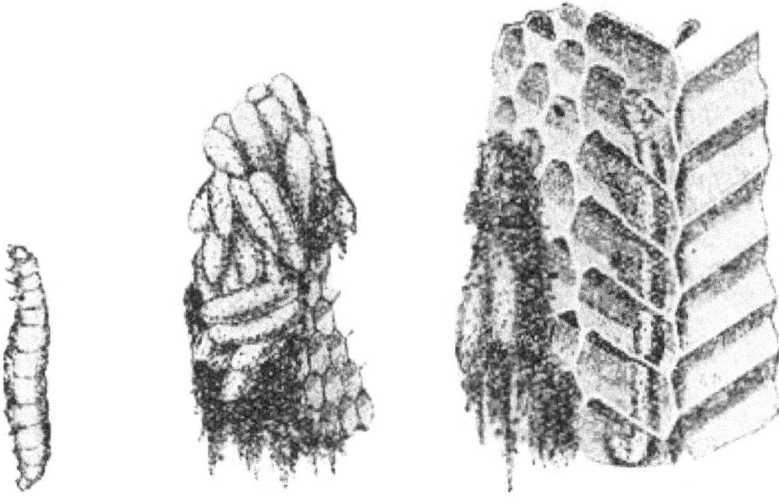

Larva de polilla mayor de la cera
Capullos y tela de la polilla mayor de la cera
Capullos, tela, galería y larva de polilla mayor de la cera.

Después de la voz de alarma de este alemán, se constató en las revistas, ,manuales, reuniones apícolas, etc, que los apicultores debían luchar cada vez más contra la loque. Y ellos mientras discutían, idearon un procedimiento costoso de control, que significaría una amenaza porque a menudo contagiaría un apiario sano a partir de uno enfermo.

No podemos ir contra las leyes de la naturaleza. Dejemos a los microorganismos cumplir su misión, es decir, eliminar aquellas colonias inútiles; y fortalezcamos nuestras colonias exitosas para combatir estos microorganismos.

Es frecuente ver hombres fuertes insensibles a los microbios de la tuberculosis, mientras hay hombres débiles que les ofrecen un campo de desarrollo favorable. Sin embargo, todos ellos se han encontrado alguna vez con gérmenes de la tuberculosis en lugares públicos, tranvías, vagones, etc. Parecería que las abejas se asemejan en esto a los hombres.

Pero la Colmena del Pueblo fortifican a las abejas por una

selección continua, una alimentación natural, la eliminación del exceso de trabajo, y, como consecuencia, las protegen de la loque. Más vale prevenir que curar.

Y estoy convencido que los métodos modernos, que tienden a una producción intensiva, conducen simplemente a la desaparición de las abejas.

Dado que la postura de los huevos ha sido forzada, aparecieron enfermedades en los gallineros que antes eran desconocidas. Lo mismo está ocurriendo en los apiarios.

51

Enemigos de las Abejas

Las abejas tienen muchos enemigos, de diversos órdenes. Ellos son: su propietario apicultor, algunas aves, algunos animales, e inclusive algunas plantas.

APICULTOR

Sucede a veces que el apicultor desconoce su arte y trata a las abejas en contra de su naturaleza y necesidades.

El apicultor debe ser instruído antes de instalar su colmenar. El presente manual, a veces releído, bien comprendido, puede ser suficiente.

AVES

Muchas aves atrapan abejas al vuelo y se las comen. Éstas son sobre todo las golondrinas y los carboneros.

Los pájaros carpinteros actúan de forma diferente. Alcanzan a deteriorar las colmenas de madera y alimentarse de la miel de sus panales. Realizan aún más daño por el golpeteo que realizan con el pico sobre la colmena. El ruido provoca un zumbido en las abejas y es muy perjudicial durante el invierno. Además, el impacto que se le da a la colmena puede causar el desprendimiento de una parte del nido de abejas, que caerá sobre el piso, del cual no podrá levantarse si hace mucho frío. En esta situación la reina podría morirse. Trozos de hielo suspendidos u otros objetos móviles parecería que mantiene a los pájaros carpinteros lejos durante los días de sol.

Animales

Los sapos comen con facilidad las abejas que están al pie de la colmena. A menudo se trata de abejas perdidas, que ya no tienen la fuerza necesaria para emprender el vuelo. Ocurre a menudo que este "servicio" realizado por estas abejas satisface ampliamente el apetito de los sapos.

Los ratones son perjudiciales para las colmenas. Se alimentan de cera y miel, y destrozan panales para establecer su nido voluminoso, a menudo muy cómodo. Es fácil mantener a los ratones afuera utilizando tejido metálico en las piqueras durante otoño e invierno.

Plantas

Las abejas polinizan a muchas plantas, y muchas de éstas proveen de néctar y polen a las abejas. Por otro lado, hay flores en las que la visita de abejas destruye su frescura. También hay algunas que viven de las abejas que van a visitarlas; y otras que directamente las matan.

La Drosera de hoja redonda, una pequeña planta que puede alcanzar los 20 centímetros de altura, crece en las superficies pantanosas de toda Francia. Al final del verano da unas flores blancas insignificantes. En la base del tallo de la flor hay una roseta de hojas rojizas aplicadas contra el suelo, cubiertas por pelos glandulares que terminan con una cabeza redondeada. Estos "tentáculos" tienen una sensibilidad extraordinaria, similar a la de las hojas. Una masa de un centésimo de miligramo los pone en movimiento, mientras que la caída de gotas grandes de lluvia no les afecta.

Cuando un pequeño insecto toca uno de dichos tentáculos, ésta se repliega en menos de un minuto; los tentáculos vecinos imitan su movimiento; un líquido espeso segregado por las glándulas se vierte sobre el insecto, que queda inmovilizado, asfixiado, luego digerido: solamente quedarán la quitina y las alas.

Si se deposita un cuerpo inorgánico sobre la superficie de una de sus hojas, los tentáculos se repliegan por un momento, pero se recuperan rápidamente y su secreción es casi nula. ¡No engañamos a la Drosera!

Las hierbas "Pinguicula" y "Utricularia" son consideradas plantas carnívoras. entre ellas la hierba común (Pinguicula vulgaris), que crece en las praderas de terrenos turbosos, donde florece en julio. Sus pequeñas flores son blancas o moradas. Sus hojas son carnosas, con la parte superior cubierta de pelos glandulares sésiles o pedunculados, similares a los pequeños champignones. Tan pronto como un mosquito aterriza en esa región pegajosa y esponjosa, los bordes de la hoja se doblan sobre él, sumergiéndole en la oscuridad de su tumba, desapareciendo por completo, excepto sus partes duras.

Una curiosidad de estas hierbas: los granjeros la utilizan para cuajar la leche.

Las flores de Asclepia utilizan un pegamento para protegerse de las visitas de los insectos. Al mismo tiempo que néctar, que es codiciado por los insectos, segrega un líquido viscoso que los retiene por el tronco o por las patas.

52

La Cosecha

Puede usted tomar miel de las colmenas, cuando éstas la contengan, cuantas veces usted quiera. Pero como es siempre inconveniente abrir la colmena, yo aconsejo no abusar de esta facultad.

En ciertas regiones, las mieles recogidas de un mes al siguiente difieren notoriamente. Si los consumidores aceptan solamente algunas de dichas mieles, con exclusión de otras, el apicultor deberá satisfacer sus deseos y cosechar dichas mieles por separado.

Pero, por principio, yo recomiendo que se realice sólo una cosecha. Mismo en el caso de que haya varias colmenas con cajas llenas de miel, a pesar de que dichas cajas absorben parte del calor de la cámara de cría, yo igualmente aconsejo que se realice una sola cosecha. "Si hay un motivo para cosechar, hay dos para no hacerlo".

He notado en todas partes que los apicultores no dejan suficiente miel en la colmena para pasar el invierno. Efectúan una gran cosecha en Julio y después carecen de suficiente miel para sus abejas.

Algunos creen que la cámara de cría tiene suficiente miel para invernar. Incluso hay apicultores que nunca la abren. ¿Y si están equivocados? No es raro que suceda.

Otros confían en un segundo flujo de néctar. Es generalmente menor que el primero. ¿Y si es insuficiente?

Los apicultores son reacios a alimentar sus abejas con miel extraída con tanta dificultad. Ellos las alimentan con azúcar. Pero el azúcar no es el alimento natural de las abejas. Produce calentamiento, en lugar de ser refrescante como es la miel. Esto solo puede perjudicar a las abejas, que en invierno deben permanecer semanas sin ser en absoluto vaciadas.

A veces los apicultores distribuyen jarabe de azúcar después de haberse iniciado la primavera. Pero alimentar con azúcar en primavera es todavía más perjudicial. Esta alimentación de hecho engaña a los instintos de las abejas.

Es por esto que yo aconsejo realizar una sola cosecha, a fines de agosto o principios de setiembre. Al mismo tiempo de realizar esta cosecha, se piensa en las reservas para el invierno. Se realizarán las dos operaciones en una, y se tendrá a mano toda la miel necesaria.

Pero, podría acotarse: la miel de la segunda mielada se mezclará con la de la primera. La miel del primer flujo afectará la calidad de la del segundo.

Teniendo en cuenta que suele pasar de que la miel del segundo flujo sea de menor cantidad que la del segundo, y la calidad de ambas mieles difiere menos de lo que solemos pensar, podemos concluir que la miel "mezclada" cambiará poco su calidad.

Y es solo desde el punto de vista comercial que la segunda miel podría disminuir el valor de la primera. Desde el punto de vista de la higiene, sólo puede incrementarlo.

En efecto, las propiedades higiénicas de la miel son multiplicadas con la cantidad de flores que la producen. Por una parte, la miel muy blanca es solo producida la mayor parte del tiempo por la esparceta (Onobrychis viciifolia), una planta forrajera sin propiedades higiénicas. Por otro lado, es importante valorar las propiedades saludables de la miel, ya que por ellas se puede competir con el azúcar, su formidable rival.

En la Colmena del Pueblo la miel de la segunda mielada

estará menos mezclada con la de la primera, comparada con otras colmenas. Esto se debe a que sus panales son bajos y las cajas, menos voluminosas, por lo que las abejas van fabricando la miel en forma descendente a medida que ingresa el néctar.

La miel de fin de año estará principalmente por encima de la cría, en los panales que deben dejarse a las abejas para el invierno.

ÉPOCA

La cosecha de la miel debe efectuarse a fin de agosto, o a más tardar, a principios de setiembre.

A fines de agosto o principios de setiembre las abejas ya no recolectan néctar. Las flores desaparecen o el frío evita el ascenso del néctar.

Es momento de visitar las colmenas para verificar el estado de las provisiones, sacándole a los almacenamientos demasiado grandes, y completando aquellos que sean insuficientes.

PROVISIONES INVERNALES

En las colmenas de panales fijos es necesario dejar como provisiones para el invierno 12 kilogramos. Ahora, sabemos que 3 decímetros cuadrados de panal llenos de miel en las dos caras representan un kilogramo de miel. Por otra parte, cada panal de la Colmena del Pueblo de panales fijos comprende 6 decímetros cuadrados.

Con estos datos, será fácil darse cuenta de cuánta miel habrá que añadir, si falta; y cuánto habrá que retirar, si sobra.

En una colmena de panales fijos, serán suficientes 36 decímetros cuadrados de panal completo con miel en ambas caras. Dejar provisiones insuficientes pondrá en peligro la vida de las abejas o requerirá alimentación en la primavera. Pero esta alimentación no es saludable, y es cara.

Dejar alimentos en demasía también es dañino. Las abejas no pasan el invierno sobre su almacén de alimentos fríos y húmedos, sino debajo. Como consecuencia, cuanto más miel hay, más espacio hay que calentar por encima de las abejas. Por otra parte, las provisiones en exceso interfieren con la postura en la primavera.

PIQUERA

Para estas operaciones de otoño e invierno, es importante reducir la entrada a la colmena a la medida para evitar el ingreso de ratones. En caso de existir pillaje puede reducirse la piquera de forma de permitir el pasaje de una sola abeja por vez.

MODO DE PROCEDER

Para efectuar la cosecha de miel se debe operar según el procedimiento siguiente, sin olvidar que se debe ante todo garantizar la vida de las abejas, dejando suficientes provisiones para el invierno.

En estos procedimientos han sido tomadas en cuenta todas las posibilidades. La operación parece complicada a primera vista. Podemos resumirla de la siguiente manera:

Quitar todas las cajas que contengan miel.

Detenerse en la primer caja en que se encuentre cría.

Dejar en su lugar esta caja y la inmediata de abajo.

Quitar las otras cajas de abajo si las hay.

Controlar las provisiones y completarlas, de ser necesario.

Colocar las dos cajas remanentes en posición caliente.

OBSERVACIONES

Provisiones

Las dimensiones de las cajas son tales que un cajón que contenga algo de cría no puede tener muchas provisiones, sí algunas que será mejor no tocar, dejándolas tal cual están.

Como resultado, se elimina una de cada dos operaciones. No se tocan jamás las provisiones contenidas en los cajones que quedan para pasar el invierno. Solo se completan en caso de que haya espacio.

Caja de herramientas

Más que en cualquier otra actividad apícola, en la cosecha se necesita la caja de herramientas. Los restos de cera y de propóleos se guardarán en dicha caja, especialmente si están mojados con miel, para evitar el pillaje.

Miel debajo de la cría

Nunca debe tenerse en forma permanente miel debajo de la cría. Por esto, en caso de que se deba colocar una caja con miel debajo, debe desopercularse, de modo que las abejas tomen dicha miel y la transporten a un lugar mejor.

La caja inferior de las dejadas antes del invierno contendrá a veces algo de miel proveniente de los últimos aportes. No hay necesidad de buscarla ni de preocuparse por ella. Las abejas la consumirán o la trasladarán a la caja superior antes de que comience a obstaculizarlas.

53

La Colecta de la Miel

1era posición
2a posición
3a posición

1 - El auxiliar ahúma suavemente por la entrada y coloca la piquera en la posición que corresponde al gran flujo de néctar (abierta). El apicultor espera el zumbido típico de las abejas, y destapa la colmena.

2 - El apicultor quita el lienzo que cubre los panales. El auxiliar envía suavemente un poco de humo sobre los porta-panales descubiertos. (1era posición)

3 - El auxiliar continúa ahumando lentamente. El apicultor raspa con la palanca la parte superior de los listones porta-panales y las paredes de la caja para quitar el propóleos.

4 - El auxiliar envía humo abundante entre los panales para hacer descender las abejas de la caja 1 hacia la caja 2. Si se deja el lienzo sobre la caja, éste no deja escapar el humo y la operación se hace más rápido.

5 - Cuando las abejas han descendido, el apicultor separa con la palanca la caja 1 de la caja 2, luego levanta la caja 1. Puede invertirla para verla mejor. El auxiliar envía suavemente un poco de humo sobre los listones porta-panales de la caja 2.   Si el apicultor ve que hay cría en los panales de la caja 1, entonces cuenta cuántos decímetros cuadrados de cría hay. Restando este número de 48, obtiene cuántos decímetros cuadrados hay de miel. Dividiendo este número ahora por 3, obtiene cuántos kilogramos de miel hay en la colmena. Es preferible ser conservador. El apicultor toma nota de dicho número, retorna la caja 1 a su lugar, la tapa y pasa a otra colmena.Si, por el contrario, el apicultor observa que solo hay miel en la caja 1, quita esta caja y la pone a un lugar seguro, sea en una habitación cerrada o bajo un lienzo.

6 - El apicultor hace con la caja 2 la misma operación que realizó con la caja 1. Si sólo hay miel, entonces la pone aparte. Si hay un poco de cría, la coloca en su lugar (2da posición), luego la tapa (3a posición), después de haber registrado cuánto contenía de miel.

Y así se continúa de esta manera. Se retiran todas las cajas completamente llenas de miel. Detenemos dicho retiro en cuanto se encuentra cría en una caja.

54

Preparación para la Invernada

Si usted no tiene un extractor, podrá conseguir uno presta-
do, y sólo deberá comprar una jaula simple y dos jaulas dobles.
Después de la extracción, todos los panales se colocan sin clavar
en sus cajas, y se dejan limpiar sobre cada una de las colmenas
durante la noche. Luego se eliminan todos los panales negros para
fundirlos. Los panales blancos o amarillos se introducen en las
cajas que utilizaremos. Los listones porta-panal son clavados como
es costumbre.

El auxiliar ahúma la colmena a través de su entrada. El
apicultor destapa la colmena, quita el alza aislante pero no el
lienzo que cubre los listones porta-panales. Una vez que las abejas
comienzan su zumbido típico, el apicultor separa la caja de arriba
de la siguiente, la levanta y la coloca sobre una base para colmenas.

El auxiliar pasa humo sobre la caja siguiente. El operador
pasa la palanca sobre los listones porta-panales para quitar el
propóleos. No hace falta hacer descender a las abejas. El apicultor
levanta dicha caja para ver el estado de los panales.

<u>Primer Caso</u> - Si los panales están completamente construídos, el operador toma nota. Si hubieran otras cajas debajo se quitan. Se pone la caja en cuestión en su lugar sobre el piso. El apicultor retorna a la primera caja y la coloca de nuevo en su lugar.

<u>Segundo Caso</u> - Si, por el contrario, el apicultor constata que en la segunda caja los panales no están completamente construídos, el apicultor actuará de forma diferente dependiendo de si dispone o no de panales construídos.

A - Si el apicultor dispone de una caja completa con panales, él pone a la segunda caja de costado y coloca la caja completa sobre el piso. Sobre ésta, coloca, como antes, la primer caja que contiene miel, cría y abejas. Pero antes de tapar la colmena, coloca la caja con panales incompletos encima para que bajen las abejas.

B - Si no se dispone de una caja con panales completos, el apicultor vuelve a colocar en su lugar la segunda caja incompleta sobre el piso, y anota el número de panales construídos que contiene.

Cuando todas las colmenas han sido visitadas, el apicultor conoce cuántos panales construídos le estarían faltando, y cuántas cajas podría completar usando las cajas incompletas. Si fuera necesario, eliminará colonias para completar cajas y dejar así todas las colmenas con dos cajas de panales completos.

Para reunir dos colonias, utilizando nuestra rejilla excluidora de reinas, se eliminará una de las reinas; si se sabe, la peor o la más vieja. En esta operación se ahumará abundantemente.

En estas combinaciones de cajas, sucede a menudo que queda miel operculada en la caja inferior. Si eso ocurre, conviene desopercularla con un cuchillo o un tenedor.

Es necesario alimentar para completar las provisiones de todas aquellas colmenas que contengan menos de 12 kilogramos de miel. Nuestro alimentador para otoño es particularmente adecuado para esta alimentación.

Debe tener en cuenta que una colonia que ha dado una buena cosecha puede necesitar ser alimentada.

Podría suceder, aunque es muy raro, que una caja a ser quitada tuviera cría. En ese caso, debemos esperar su eclosión para retirarla.

Panales construídos

Es necesario pasar el invierno teniendo cada colmena dos cajas completamente construídas. Las abejas invernan mejor sobre panales que en un espacio vacío. Pero es especialmente en la primavera que las abejas necesitan esas dos cajas completas, porque las precisan para la deposición de la cría. Si en la primavera las abejas no tienen a su disposición las dos cajas construidas, van a enjambrar como si no tuvieran espacio. Carecen, de hecho, de espacio utilizable, porque los aportes de miel son insuficientes para construir panales.

Además, en esta época no sería económico proporcionarles la miel necesaria para la producción de cera.

Por lo tanto, las colonias se fusionarán, si fuera necesario, para que todas las colmenas contengan las dos cajas completamente construídas. Esta supresión de colonias es, en realidad, un ahorro, a pesar de las apariencias contrarias. Una colonia fuerte producirá más que dos colonias débiles.

Eliminación de colonias

Al comparar dos colonias que se van a fusionar, se verá que una es inferior a la otra; tendrá menor cantidad de cría, de miel, de panales construídos. De esta colonia se deberá encontrar la reina y destruírla. Se procederá como está indicado en el capítulo "Introducción de Reinas".

Para la fusión de ambas colonias, se procede de la siguiente manera: se colocan sobre un piso las dos cajas de la colonia que se desea conservar, después de haberlas ahumado intensamente; la caja con más miel se coloca arriba. Por encima de las dos cajas a conservar, se colocan las dos cajas que se van a suprimir, después de haber sido ahumadas. Se harán descender las abejas de las dos cajas a suprimir a las cajas a conservar, ahumando fuertemente. Las cajas a suprimir, ya sin abejas, se quitan. Se cubre la colmena que queda y se ahúma fuertemente. Al día siguiente, si fuera necesario, se desopercula con un cuchillo o un tenedor la miel que hubiera en la caja de abajo; si las provisiones fueran insuficientes, se completan.

En la elección de la reina a conservar, se le dará preferencia a aquella que provenga de un enjambre secundario o terciario, para que se tenga certeza de su juventud.

ALIMENTACIÓN

Para una buena invernada, una Colmena del Pueblo de panales fijos necesita 12 kilogramos de miel. Al realizar la cosecha, hemos dejado la primer caja en la que se ha encontrado cría. Ésta puede contener de 12 a 14 kilogramos de miel. Cualquier colonia que tenga estas reservas está en buenas condiciones para pasar el invierno.

Si una colonia no contiene esta cantidad de provisiones, no alcanzando los 12 kilogramos en una Colmena del Pueblo de panales fijos, es necesario alimentarla inmediatamente en una o varias veces.

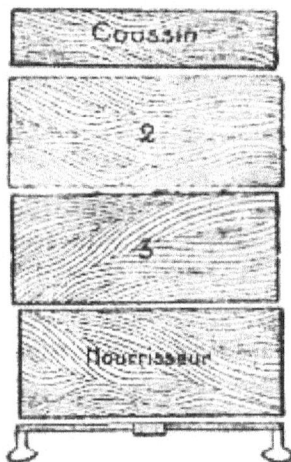

Ubicación del alimentador.

Para esto, colocamos una caja vacía por debajo de las dos de la colmena, como fuera explicado en el capítulo sobre ampliación de la colmena. En esta caja vacía se coloca un recipiente cualquiera, y, dentro de éste, se introducen panales rotos o jarabe de miel.

Si se completan las provisiones con panales, es preferible romperlos y rociarlos con agua. Si se completan con jarabe de miel, conviene poner al menos un tercio de agua y dos tercios de miel. En este caso se pondrá por encima una tabla con agujeros, paja cortada o corcho en pedacitos, a fin de que las abejas no se ahoguen.

Un jarabe de azúcar podría reemplazar al jarabe de miel.

Pero no debemos olvidar que el azúcar no es el alimento natural de las abejas, y no les asegurará tan buena invernada como el jarabe de miel.

No se debe olvidar, durante la alimentación, ajustar la piquera de modo que a las abejas les quede solo una pequeña entrada.

Es preferible utilizar nuestro alimentador especial para otoño. Ver en el capítulo sobre Equipamiento

Sin embargo nuestro alimentador se coloca, no sobre el piso, sino sobre la caja más alta.

CONSERVACIÓN DE LAS CAJAS CON PANALES PARCIALMENTE CONSTRUIDOS

Se pueden conservar las cajas con panales incompletos y utilizarlas para la ampliación de colmenas en la primavera. Para asegurarse de que se conserven en buen estado, se debe quemar el equivalente a media vela de azufre dentro de tres cajas superpuestas, tapadas arriba para evitar la fuga de los gases de azufre. Se dejan estas cajas durante 24 horas en contacto con este humo. Entonces, no deberemos preocuparnos de proteger las cajas de los roedores, que son muy aficionados a la cera.

Las cajas construidas tienen poco valor con nuestro método. En todo caso, sí importa conservar los panales estirados con cera nueva. Sin embargo, las cajas completamente construidas podrían utilizarse para recolectar abejas sobrevivientes de la asfixia por los gases de azufre. Solo tendremos que darles algunas provisiones.

55

La Extracción de la Miel

La miel está en el laboratorio, tal como la sacamos de las colmenas, es decir, encerrada en las celdas de los panales de cera y recubierta por cera de opérculo.

MIEL EN PANAL

Se puede vender la miel de esta manera; pero debemos tener en cuenta que su traslado es dificultoso, que en esta venta es perdida la cera, que la devolución de las cajas conlleva sus costos, que deben colocarse nuevos iniciadores de cera a los listones portapanales.

Esta miel en panal no debe confundirse con la miel en secciones, cuya producción no recomendé, porque es molesta para las abejas y no produce ganancias para el apicultor.

Si el apicultor encuentra compradores de miel en panal, menos costosa que la miel en secciones, en la cosecha deberá colocar estos panales en un sitio seguro mientras se aguarda la venta.

MIEL LÍQUIDA

Lo más frecuente es que la miel sea separada de la cera antes de su venta: se la conoce entonces como miel líquida.

La miel líquida se produce de tres formas: por flujo espontáneo, por flujo facilitado por calor o por centrifugación.

EXTRACCIÓN POR FLUJO ESPONTÁNEO

Esta extracción se realiza tan pronto como la miel se lleva al laboratorio. Con un cuchillo se cortan todos los panales de miel en pedazos, dejando 1 cm de panal en los listones porta-panales. Los trozos de panal que contengan polen se ponen a un costado. Este polen podría colorear la miel. También dejamos de lado los trozos de panal que contengan cría, si por casualidad encontramos alguna.

Todas las demás piezas de panal se ponen dentro de una rejilla metálica de malla de 4 milímetros, sobre un colador ordinario o una malla y se aplastan con la mano o con un cuchillo. La miel se recoge en tarros de barro o de hojalata. Perdería su calidad si se recibiera en hoja galvanizada, zinc o cobre.

Si se opera inmediatamente después de la cosecha la miel estará todavía caliente y escurrirá rápidamente. Si la extracción no se realiza enseguida de la cosecha, se deberá operar en una habitación con calefacción suficiente.

La miel obtenida por este procedimiento es comunmente llamada "miel virgen".

EXTRACCIÓN POR CALOR

Cuando el flujo espontáneo de miel se ha detenido, queda todavía un poco de miel entre los restos de cera. Además, algunas mieles espesas y viscosas no escurren por el procedimiento anterior.

Recogemos todos los panales que hemos dejado a un costado por contener polen o crías, y los exponemos al calor del sol o de un horno.

Si van a estar expuestos al sol, se deberá cubrir todo con una lámina de vidrio grueso, para concentrar los rayos solares y evitar que vengan abejas pilladoras.

Si se los expone al calor de un horno, se deben introducir unas horas después de haber sacado el pan, o en un horno de cocina, donde se debe evitar el calor excesivo.

En los dos casos, se derrite todo, cera y miel, y cae en el recipiente debajo del tamiz. El enfriamiento posterior separa la miel de la cera. También es posible procesar así a los opérculos de los panales pasados por el extractor centrífugo. La miel obtenida por este proceso es de calidad inferior.

A menudo será más económico destinar estos deshechos a las colonias pobres en provisiones. En este caso, nuestro alimentador especial será muy útil.

EXTRACCIÓN POR FUERZA CENTRÍFUGA

Esta extracción se realiza con un extractor centrífugo. Tiene la ventaja de producir un separación más completa y más rápida de la miel; además, se evitan manipulaciones desagradables.

Este procedimiento ha sido utilizado hasta ahora solamente para colmenas con cuadros móviles. Nuestro diseño de jaulas permite la extracción de panales de la colmena con panales fijos. Los panales deben ser desoperculados en estas jaulas.

Antes de introducir los panales en el extractor se deben quitar los opérculos de las celdas con miel, siguiendo el procedimiento que se explicará a continuación.

CUCHILLO PARA DESOPERCULAR

Para desopercular se utiliza un cuchillo especial, o un cuchillo simple de cocina. Es importante que esté limpio y ligeramente caliente.Es conveniente operar con varios cuchillos que se utilizan sucesivamente, y que, a su vez, se sumergen sucesivamente en agua caliente contenida en una tarrina. Esta tarrina será convenientemente colocada sobre una estufa. El cuchillo deberá estar lo suficientemente caliente para deslizar suavemente sobre los opérculos, pero no tanto como para que la cera se derrita. Es importante que el apicultor opere con el cuchillo como lo haría con una sierra, cortando solo en la carrera de ida y no en la de vuelta.

Cuando se ha cortado con el cuchillo todo el panal, se utiliza la punta del cuchillo para quitar trozos de opérculo que pueden quedar en las sinuosidades del panal.

OBSERVACIÓN

A veces al pasar el cuchillo nos encontramos con celdas de

polen. Éste se encuentra en las cajas de todas las colmenas. No es veneno, ya que las abejas se lo dan a las larvas jóvenes para su consumo. Hay consumidores, incluso, a quienes les gusta encontrar el sabor del polen en la miel. Sin embargo, para evitar colorear la miel con polen, yo aconsejo no mezclarlos, y, por esta razón, pasar el cuchillo suavemente y con cuidado bajo los opérculos.

CALOR NECESARIO

Para que la extracción centrífuga se realice rápida y completamente, es importante que los panales no se enfríen. Si esto ocurre, deben colocarse en una habitación caliente. Lo mejor es extraer en la tarde los panales retirados de las colmenas en la mañana.

Además, el calor del cuchillo de desopercular calienta la miel y facilita su desprendimiento.

DESOPERCULADO DE LOS PANALES

1 - Invertir la caja conteniendo panales fijos de miel sobre cualquier soporte; por ejemplo, dos cajas, una encima de otra.

2 - Para separar los panales de las paredes, pasar el cuchillo de ambos lados, a lo largo de las paredes.

3 - Invertir la caja para dejarla en posición normal.

4 - Levantar cada extremo del panal para liberarlo de la ranura. (figura A)

5 - Tomar los listones porta-panal con sus panales (figura B) y colocarlos en la jaula no 1 que ha sido preparada sobre un caballete (figura C), de modo que los listones queden en la parte superior, para facilitar la deposición de los panales.

6 - Invertir la jaula no 1, de modo que queden los listones hacia abajo para así facilitar el desoperculado.

7 - Desopercular la parte visible de los panales.

8 - Colocar la jaula no 2 sobre la jaula no 1. Girar, retirar la jaula no 1 y desopercular la segunda cara del panal

9 - Colocar la jaula no 3 sobre el total, de forma que el panal quede entre dos telas metálicas.

10 - Colocar en el extractor estas dos jaulas juntas, envolviendo los panales.

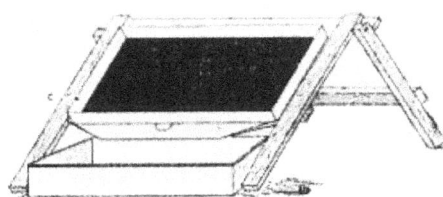

Figura A - Liberando los listones porta-panales
Figura B - Levantando los panales
Figura C - Caballete de desoperculado

EXTRACCIÓN DE MIEL CON UN EXTRACTOR

Todas las jaulas del extractor pueden contener nuestras jaulas. En cualquier caso, al menos dos de las nuestras deberían estar en los extractores de cuatro jaulas. De lo contrario el extractor saltaría durante la operación. Nuestras jaulas deben ser colocadas en el extractor (tangencial) de modo que la parte superior del panal quede hacia adelante cuando el extractor está en marcha, o hacia abajo cuando las dimensiones lo requieran, nunca hacia atrás.

Cuando las jaulas del extractor están completas lo ponemos en funcionamiento, al principio suavemente, después más rápido. La miel sale despedida y golpea como una lluvia las paredes del extractor. Se rotan las jaulas y se vuelve a poner en funcionamiento el extractor, al principio despacio, después más rápido. Es por prueba y error que conoceremos el número de giros de manivela necesarios. Este número depende de la velocidad del movimiento y del diámetro del tanque del extractor.

Un desplazamiento de un kilómetro por minuto en cada

una de las caras da un buen resultado.

La miel que sale de los panales alcanza las paredes del extractor y después fluye hacia el fondo. Antes que el nivel de miel alcance a las cajas y perturbe su movimiento, ésta se pasa a un purificador.

Observación

Se pueden conservar los panales que no sean demasiado viejos ni demasiado negros, ya sea para la enjambrazón artificial (hacer núcleos), o para completar aquellas cajas en el apiario que no estén completamente construidas. En estas condiciones se procederá en la extracción de la siguiente manera: se dan algunas vueltas suavemente con una cara del panal; luego éste se invierte, y se dan algunas vueltas con suavidad al otro lado. Luego se gira más rápido para completar la extracción, se invierte nuevamente, y se gira rápido del otro lado del panal, de modo de completar la extracción de dicho lado.

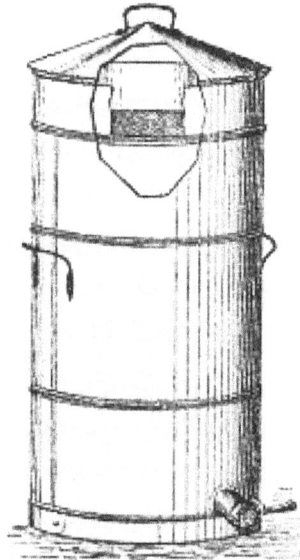

Purificador.

Purificación

A la salida del extractor la miel contiene burbujas de aire y de varios otros gases. Puede encerrar también trozos de polen y de opérculo. Para liberar la miel de estos cuerpos extraños se la hace descansar durante días en unos recipientes a los que llamamos "purificadores". Estos dispositivos necesitan ser más altos que anchos. Pueden ser utilizados tambores para este propósito, si no están construidos de roble. Un tamiz retiene las impurezas más gruesas.

Debido a la diferencia de densidad, los gases y los cuerpos extraños flotan formando una capa que es retirada previo al trasiego de la miel.

Cuando no hay más impurezas que suban a la superficie, la miel es retirada antes de su cristalización.

Los purificadores están equipados con una válvula de mariposa, o, mejor, con una válvula de compuerta.

CRISTALIZACIÓN DE LA MIEL

El líquido viscoso que ha sido extraído de los panales, la miel, se solidifica y forma una masa compacta formada por cristales más o menos grandes. Se dice entonces que la miel está cristalizada o granulada.

La velocidad de cristalización y el tamaño del grano dependen del tipo de planta en la que se operó y de la temperatura desarrollada.

Un poco de miel cristalizada vieja mezclada con la masa de miel nueva puede acelerar la granulación.

CONSERVACIÓN DE LA MIEL

La miel es muy higroscópica. Puede absorber hasta un 50% de agua. Al absorber el agua, la miel se torna más líquida. Luego fermenta rápidamente y toma un sabor agrio y desagradable. Para eliminar este amargor y detener la fermentación, se debe derretir al baño maría.

La única manera de evitar todo este problema es guardar la miel en recipientes herméticos y conservarla en un lugar fresco

Alojamiento de la miel

Se almacena la miel en recipientes varios, principalmente en tambores o cubos de madera o metal.

El pino y el abeto le dan un sabor resinoso a la miel; el roble la colorea; el haya es muy recomendable.

El cobre y el zinc se oxidan en contacto con la miel; el hierro estañado es ideal para este propósito.

Los cubos y latas de hojalata deben preferirse a todos los demás recipientes.

VENTA DE LA MIEL

Yo no soy afín con los grandes beneficios. Pero estimo que la apicultura, como toda otra industria, debe ser honestamente remunerada. Todo trabajo merece un salario.

En la práctica, ¿cómo hará el apicultor para fijar su precio?

Él aceptará, simplemente, el precio que resulte del juego de la oferta y la demanda.

Ir contra este principio, incluso en poderosas empresas de apicultura, obliga a nuestros clientes a probar las mieles extranjeras, que no son todas malas; esto nos expone a perder nuestra miel, que no se conserva en forma indefinida.

Si nuestro precio no es suficientemente atractivo, nos dirigiremos a las autoridades para preguntarles sobre los derechos de aduana de las mieles extranjeras. Si nuestro planteo es justificado, siempre terminará siendo escuchado, especialmente si sabemos unirnos para ser fuertes. Por encima de todo, debemos producir a un bajo costo.

El apicultor deberá tener en cuenta que el mayorista tiene derecho a obtener un beneficio, y el minorista a otro beneficio.

El apicultor puede tratar de prescindir de estos intermediarios y transformarse en mayorista, minorista o ambos: de esa manera obtendrá sus beneficios. Pero no debe competir con ellos.

El apicultor seguirá necesitando los intermediarios durante mucho tiempo, no podrá competir con ellos sin trabajar contra sí mismo. Si obliga a los intermediarios a bajar su precio de venta, esos mismos intermediarios bajarán también su precio de compra al año siguiente. El beneficio del apicultor no será entonces perdurable. Pero hay una clase de mayoristas contra la cual el apicultor deberá entablar una dura negociación; y también hay minoristas que exageran sus beneficios y de esa forma disminuyen el consumo de miel.

Pero todas las mieles no tienen igual precio en el comercio. ¿Cómo las clasificará el apicutor?

En Francia hay dos clases de mieles bien características:

La miel de esparceta o pipirigallo, muy blanca, sin sabor acentuado, conocida como miel tipo "Gâtinais"; y la miel multi-floral, más o menos coloreada, más o menos fragante, el tipo de miel de "Narbonne". No cito para recordar la miel de brezzo, tipo miel de Landes; ni tampoco la miel de trigo sarraceno, el tipo de miel de Bretaña. Estas mieles, de un color marrón rojizo y un gusto acre, no son mieles de mesa. Se utilizan en la fabricación de pan de gengibre.

Sin embargo el comercio paga más por lo general por la miel tipo "Gâtinais". Nosotros, los apicultores, expresamos que la miel tipo "Narbonne" debe ser considerada de primera.

En la venta de miel el mayor obstáculo es el azúcar, cuyo precio es siempre más bajo, y su manejo infinitamente más sencillo. ¿Cómo podemos argumentar la superioridad de la miel frente al azúcar? Mostrando la superioridad higiénica comparada con el azúcar.

Pero estamos poco preparados para demostrar la superioridad higiénica de la miel, por ejemplo la "Gâtinais". No tiene la desventaja de ser un químico sintético, sino que tiene ventajas verdaderas. La miel conocida como "Gâtinais" se obtiene procesando casi exclusivamente del néctar de la esparceta o pipirigallo, que no tiene propiedades higiénicas. La miel de "Narbonne", por otro lado, se produce a partir de un conjunto incalculable de flores, muchas de ellas higiénicas y calmantes.

Un estudio realizado en la Universidad de Wisconsin ha demostrado que, cuanto más oscura es la miel, posee más contenido mineral: hierro, cobre, manganeso. Como consecuencia, la miel es más adecuada para prevenir y curar la anemia resultado de una mala nutrición.

ADULTERACIÓN DE LA MIEL

Ha pasado mucho tiempo desde que se comenzó a adulterar la miel. Herodoto, cuando da a conocer la cantidad de miel producida por Lydia, agrega que se fabrica mucha más por la industria del hombre. Talmud también habla de la falsificación de la miel con harina y agua.

Los comerciantes actuales no son ni más honestos ni más ignorantes. Hemos llegado a un punto en que el término "miel de abejas" no es más conveniente para designar la miel natural, ya que hemos llegado a ser capaces de obligar a las abejas a adulterar ellas mismas su miel, haciéndolas absorber jarabe de azúcar. Sólo la denominación "miel de flores" podría ser adecuado.

Para reconocer la adulteración de la miel, caliente al baño maría una muestra de miel, de manera que se torne bien líquida, y revuelva con una cuchara de madera.

1 - Disuelva una cucharada de té de miel en un vaso de vino de Bordeaux lleno de agua de lluvia fría, agite vigorosamente y deje reposar. Si a la miel se le ha adicionado yeso, ladrillo triturado, calco, tiza, o, en una palabra, cualquier sustancia mineral, se formará gradualmente un precipitado insoluble.

2 - Disuelva una cucharada de té de miel en un vaso de vino de Bordeaux lleno de agua de lluvia fría, agite vigorosamente y deje reposar. Se agregan 3 o 4 gotas de tintura de iodo. Si se ha agregado almidón a la miel se producirá una hermosa coloración violeta; azul intenso si ha sido agregada fécula o harina; marrón si ha sido dextrina. Por el contrario, el líquido se tornará amarillo si no contiene ninguna de estas sustancias.

3 - Disuelva una cucharada de té de miel en un vaso de vino de Bordeaux lleno de agua de lluvia fría, agite vigorosamente, batiendo como si fuera un huevo en una omelette; se produce una mousse abundante si la miel contiene gelatina.

56

La Apicutura a distancia

Utilizando Colmenas del Pueblo y su método, se puede establecer un apiario bien lejos.

PRIMER CASO

Se puede ir al apiario dos veces al año: en Semana Santa y en agosto-setiembre.

Al teminar el invierno, se realizará la visita de Primavera y al mismo tiempo la ampliación de las colmenas. Seremos bastante generosos con las cajas a adicionar en dicha ampliación para disminuir la salida de enjambres naturales. A veces igual los habrá. Será una pérdida mínima comparándola con la cosecha de miel que obtendremos.

En agosto-setiembre se realizará la cosecha como se explica en capítulos anteriores.

SEGUNDO CASO

Se puede ir al apiario solo una vez al año, en agosto-setiembre. Primero cosecharemos la miel; luego, como en la visita de primavera, limpiaremos el piso si es necesario, verificar la nivelación de la colmena y de inmediato realizaremos su ampliación. También en este caso, seremos generosos en la cantidad de cajones a agregar. Sería conveniente fijarlos entre ellos con agarres exteriores.

57

El Valor de la Miel

MIEL, SACARINA Y AZÚCAR

Todos los azúcares pueden ser clasificados en tres categorías:

SACARINA

Es un derivado del alquitrán de carbón. Es exclusiva y absolutamente un producto químico. Tiene un poder edulcorante 300 veces más intenso que el del azúcar ordinario. Sin embargo, no tiene valor nutricional. Se lo encuentra inalterado en la orina.

AZÚCAR

El azúcar industrial, sacarosa o azúcar de caña se obtiene artificialmente del azúcar de caña, de la remolacha, o incluso de otras plantas. A pesar de su origen vegetal, la sacarosa no es asimilable en forma inmediata. Para poder ser asimilada, la sacarosa debe transformarse en glucosa. Esta operación se denomina "inversión". Ocurre en forma natural en nuestro organismo, a través de la acción combinada de la saliva de la boca, de jugo gástrico del estómago y del jugo pancreático del intestino. Si el tracto digestivo no está en buen estado, este trabajo es difícil de realiza; en todo caso, el organismo humano se fatiga. Fuera del organismo, para transformar la sacarosa en glucosa, no hay otra forma que hervir durante un tiempo la sacarosa en contacto con un ácido muy diluído.

Miel

La glucosa es un jugo natural vegetal: azúcar de uva, azúcar de frutas, mieles. Estas glucosas son directa e inmediatamente asimilables: ni la saliva, ni el jugo gástrico ni el intestinal deben intervenir. Estos azúcares no imponen ningún trabajo adicional: ingresan directamente en el torrente sanguíneo para desempeñar su función nutricional. Esto explica el por qué, lejos de ser perjudicial, son favorables para aquellas personas que sufren del estómago o padecen diarreas.

Sin embargo, el azúcar de uva y el de frutas no existen en abundancia suficiente donde se encuentran. La miel, por el contrario, contiene glucosa en una concentración considerable. La miel suministrada por las abejas contiene entre 71 y 77% de azúcar invertido, mezclado con partes aproximadamente iguales de azúcar de fruta y azúcar de uva. La miel es el azúcar de los azúcares, por lo que es absurdo abandonarla para ir en procura de otros productos azucarados, incluida la sacarina.

Retornemos al consejo del viejo Salomón: "come la miel, hijo mío, porque es buena"

Alimento y remedio

"Para mantener una buena salud, hacen falta dos cosas: alimentarse cuando uno se encuentra bien, y curarse cuando se encuentra enfermo. En la miel nosotros encontramos las dos cosas: comida y medicina.

El reino vegetal ocupa, en efecto, un lugar importante en la cocina y en la farmacia. La cocina podría incluso consistir solamente de plantas. Nuestros ancestros comían poca carne y fueron más longevos. En algunas órdenes religiosas, no se come otra carne que no sea pescado. Y en nuestros días, se ha formado una escuela que procura restringir el consumo de alimentos de origen animal, y aumentar el de alimentos de origen vegetal.

La farmacia podría consistir también únicamente de plantas. Un viejo adagio dice: "Medicina paucarum herbarum scientia" (la medicina es la ciencia de un pequeño número de plantas). Por lo tanto, los alimentos vegetales son sumamente higiénicos y los medicamentos en base a plantas son muy efectivos.

Ahora, la miel es en cierta forma un resumen del reino vegetal, porque las abejas van a pecorear una cantidad incalculable de flores de todo tipo. Y es en el momento en que la planta, preparándose para reproducirse, está en la plenitud de su savia y de su fuerza, que la abeja va, permitiendo la fecundidad, para extraer su fecundo néctar. La miel es, por lo tanto, un extracto concentrado del reino vegetal, que toma prestadas de las plantas sus propiedades. Es un té de hierbas con mil flores.

LA MIEL ES SUPERIOR AL AZÚCAR

Mientras que el agua, los elementos nitrogenados y las sales minerales de los alimentos satisfacen las necesidades de reparación y de construcción de los tejidos del cuerpo, el azúcar es el combustible de la máquina humana, la principal fuente de calor, energía y fuerza muscular.

Sin embargo, es solo en la forma especial de glucosa que el azúcar puede ser absorbida por nuestros órganos.

Así que no es el azúcar extraído químicamente de la remolacha, el que debemos absorber como alimento productor de fuerza. Este azúcar artificial es un condimento precioso, conveniente, indispensable; pero no es un alimento. Este azúcar no es, después de todo, jugo de remolacha que, combinado con sus aliados naturales en la remolacha, podría ser útil y beneficioso. Pero se ha tornado perjudicial porque ha sido aislado químicamente.

El azúcar refinado o azúcar de remolacha es extraído y purificado mediante cal, ácido carbónico, azufre, sangre de res, carbón animal. La glucosa, que la acompaña o la reemplaza en las confiterías, los jarabes y las conservas de frutas, se extrae a partir de los residuos de almidón utilizando ácido sulfúrico. Ambos productos son nocivos. Son alimentos muertos, irritantes, desnaturalizados y desmineralizados.

El azúcar artificial estropea los dientes y disminuye el apetito. Produce fatiga y calienta el estómago y los intestinos, exigiéndoles un trabajo anormal para el cual no están constituidos, al emplear la invertina que ellos secretan, y que necesitan para transformar los almidones y grasas de nuestros alimentos en glucosa. A menudo sucede que el azúcar es rechazado parcialmente por el cuerpo sin haber sido utilizado. Esto ocurre especialmente en los débiles, enfermos y diabéticos, cuyos órganos digestivos no segregan invertina suficiente para la transformación del azúcar en glucosa: a partir de allí ocurren desórdenes múltiples en los órganos.

El azúcar natural que se encuentra en uvas, frutas, y, especialmente en la miel, es el único conveniente para nuestra alimentación, porque se encuentra naturalmente en forma de glucosa, azúcar que es inmediatamente asimilado y penetra en el torrente sanguíneo, sin exigirles trabajo a los órganos digestivos. En una palabra, la miel es como el vapor que se encuentra en la caldera; el azúcar es agua fría que debe convertirse en vapor.

Además, la miel es un jugo de flores, un azúcar fabricado por la naturaleza misma, el mejor químico.

Es también en dicha forma condensada, lista para la conservación y el consumo, que el azúcar se nos ofrece en la miel recolectada por las abejas de las corolas perfumadas de las flores.

Además, si la miel es extraída mecánicamente por un apicultor bien equipado, no tiene contacto con sus manos. De ese modo conserva una pureza y limpieza absolutas, y en consecuencia, la delicadeza de su aroma y la plenitud de sus propiedades.

LA MIEL ES UN ALIMENTO PODEROSO

Según estudios recientes, 30 gramos de miel tienen el mismo valor nutricional que:

21 gramos de frijoles
31,33 gramos de yema de huevo
35 gramos de pan
42 gramos de carne de cerdo magra
48,20 gramos de carne de res magra
82,43 gramos de línea
64,43 gramos de caballa
89,12 gramos de patatas
122,50 gramos de uvas

123,50 gramos de leche.

Según los mismos estudios, un modesto pan de miel proporciona 169 kilocalorías, de los que 78 provienen de 30 gramos de pan, y 91 corresponden con 30 gramos de miel. Ahora, un hombre realizando un trabajo normal necesita solo 2.500 kilocalorías por día.

La kilocaloría es una unidad de calor; es la cantidad de calor necesaria para elevar la temperatura de un kilogramo de agua, un grado Celsius.

No decimos que toda nuestra alimentación debe ser de miel, pero sí que ocupa un lugar importante. Porque la miel es un alimento muy rico, porque es un azúcar, y el más asimilable, como consecuencia, el más nutritivo de los azúcares.

Además, la miel es un alimento en una forma de las más concentradas; se transforma casi todo en chyle, en sangre. La prueba es que las abejas se nutren de miel durante los largos meses del invierno, sin producir excrementos.

La miel es, por tanto, el alimento más adecuado para nuestra época de miseria fisiológica y decadencia orgánica. Es especialmente apropiada para niños, personas mayores, débiles, convalecientes y particularmente cloróticos.

Así que la miel debería reemplazar al azúcar, en todos los alimentos, pero particularmente en las tisanas, en las cuales potencia sus propiedades, ya que proviene de las flores de las plantas que componen dichas infusiones. Por la mañana, endulza con miel tu leche o tu café. Tómala como postre después de cada comida. Extendida sobre el pan, pura o mezclada con mantequilla, constituirá la mejor merienda para los niños, e incluso para los adultos.

¿Quieres un rico chocolate? Deja derretir un poco de miel al baño maría y mézclala con cacao en polvo.

LA MIEL ES UN EXCELENTE REMEDIO

La miel natural, jugo y quintaesencia de las flores, tomada en el momento en que la planta tiene todo su vigor y la flor toda su belleza, es el más universal de los remedios. Eminentemente digestiva por sí misma, la miel colabora en la digestión de otros alimentos. Sus principios aromáticos y sus ácidos estimulan las glándulas salivales, y por otro lado, la miel no utiliza los jugos gástricos. Esta sobreabundancia de saliva y jugo gástrico beneficia la digestión de otros alimentos y moviliza los deshechos acumulados en el estómago: ésta es la razón de que la miel sea digestiva y algo laxante. Por lo tanto, la miel es especialmente apropiada en casos de gastralgia, digestión dolorosa o constipación.

La miel también es refrescante: se recomienda en los casos de inflamación del estómago y los intestinos, en las enfermedades de los riñones y de la vesícula.

En caso de insomnio, calma los nervios y facilita el sueño.

Muchos diabéticos han resultado bien con su empleo.

Finalmente, la miel contiene hierro y ácido fórmico. Este ácido ha sido recomendado en nuestros días por los especialistas médicos, para aumentar la actividad y la fuerza del sistema muscular, así como también para evitar la fatiga.

Este ácido fórmico, por otro lado, hace que la miel sea antiséptica: es por esto que combate las malas fermentaciones de los intestinos. Antiséptica, refrescante y calmante, la miel forma un excelente ungüento para curar heridas, contusiones, úlceras, granos e inflamaciones.Por la misma razón, la miel es altamente eficaz en la ronquera, la tos, los resfriados, la gripe, influenza, bronquitis, angina, catarro, asma, úlceras bucales infantiles.

Por lo tanto, podemos decir que la miel es realmente un jugo beneficioso, una panacea universal, depositada por el Creador en el cáliz de las flores y recolectada por las abejas.

Sin embargo, para completar debemos decir que el uso frecuente de la miel no es aconsejable en caso de hepatitis, debido a su ácido fórmico y porque puede hacer engordar; tampoco en caso de congestión cerebral, porque la miel es de digestión estomacal, y, por lo tanto, su asimilación es rápida y podría ser fatal.

58

Lo que se Dice de
la Miel

El azúcar es un estimulante anti-fisiológico, un alimento de fatiga que agota profundamente después del momento de sobreexcitación pasajera que proporciona.

Es irritante para nuestros tejidos, y las fuerzas que manifiesta son solo la expresión de la agresión que produce en todos nuestros órganos. Es una sustancia química irritante y nociva.

La miel, con sus azúcares todavía asociados a minerales, diastasas activas, energías florales vitalizadas, es un alimento vivo y un estimulante fisiológico, cuyo uso podría estar mucho más extendido, porque es, por así decirlo, cien veces más dinamogénico y nutriente que el azúcar químico. Así que debe retornar en nuestra alimentación al lugar importante que ocupaba antes, por así decirlo, del "descubrimiento" del azúcar químico.

Doctor Paul CARTON.

El azúcar industrial es fuertemente calorífico y excitante. Daña el estómago, destruye los dientes y con frecuencia determina, incluso en los organismos más robustos, una marcada glucosuria

292

Lo que se
Dice de la
Miel

que puede conducir a una diabetes real, porque nuestros órganos digestivos la transforman y asimilan de forma incompleta. No estamos constituidos para aprovechar esta forma química y muerta. El número de muertes causados por diabetes se ha cuatriplicado en treinta años, y continúa aumentando. La miel es el verdadero azúcar natural condensado. Por lo tanto debería, contrariamente a nuestros hábitos actuales, ocupar el primer lugar en nuestra alimentación. Cuanto más comprenda el hombre a la naturaleza, más necesitará de las abejas; y la miel, que fue el azúcar de tantas generaciones en el pasado, seguirá siendo, estamos convencidos, el azúcar preferido de las generaciones del futuro porque esa es la verdad en este tema.

Doctor Victor ARNULPHY.

Los principios aromáticos y los ácidos contenidos en la miel, y que le dan su sabor picante y su perfume, estimularían las glándulas salivales, que como consecuencia segregan más; la digestión se hace así más fácil. Pero también ejercen en el estómago sus propiedades antisépticas por las que se oponen a las fermentaciones gástricas. En cualquier caso, el rol principal de la miel se ejerce en el hígado. El azúcar, igual que la miel, va al hígado, pero antes debe desdoblarse en dextrina y levulosa, mientras que la miel no requiere ningún desdoblamiento, ya que contiene directamente dextrina y levulosa, sustancias que entran inmediatamente en el hígado para ir de allí a la sangre. De modo que la miel es un alimento esencialmente hepático y digestivo, produciendo un efecto laxante y diurético.

Doctor DUBINI.

Existe otra categoría de materiales, mucho menos importante desde el punto de vista del peso, pero queda a la miel características especiales. Éstos son los minerales. Estudios precisos y detallados nos han permitido destacarlos y afirmar que, gracias a su presencia en mieles naturales, éstas no constituyen un alimento cualquiera, de notable asimilación, sino también, en algunos casos, un reconstituyente de primer orden. Porque estos minerales son especialmente ricos en fosfatos y también en hierro.

Alin CAILAS

El milagro es la abeja fabricando siempre, desde tiempos inmemoriales, un producto a la vez agradable a la vista, al gusto y al olfato; que es al mismo tiempo un postre y un remedio, un alimento y un perfume, un placer y una ganancia, una curiosidad y una riqueza.

Miguel ZAMACOÏS.

Lo que se
Dice de la
Miel

Solo la abeja puede extraer de la flor lo que es más exquisito y, al mismo tiempo, fabricar una cosa duradera, que no se desvanece al menor aliento.

Lo más encantador es que, por su delicada mezcla de flores, las abejas nos permiten no solo entrar en comunión con la tierra de una manera general, sino también de la forma más precisa.

Maurice BOUCHOR.

Ciertamente, mi amistad con las abejas tiene mucho que ver con lo que amo, como un oso, los deliciosos tesoros que ellas nos dan. Es gracias a esta ambrosía terrestre, probablemente, que pude alcanzar, no sin dificultad, mis ochente y cuatro años; y es entre las colmenas zumbantes que me gustaría dormir mi último sueño.

Emile BLÉMONT.

Pruebo la maravillosa miel, deslizando celdas redondas de cera, y me parece ver las fuentes mismas de la Poesía, y alimentarme de sangre rubia y azúcar de las flores amorosas.

Jane CATULLE-MENDES.

59

Recetas con Miel

La miel debería ser parte del postre de cualquier comida.

Los aficionados toman miel en lugar de azúcar en el café con leche, el té, el café negro, y están muy satisfechos. Es cierto decir que en las bebidas calientes en general la miel debe tener un gusto aceptable.

A las tostadas con manteca se debería agregar una ligera capa de miel, es una golosina deliciosa de uso muy común en Suiza. Al menos, después de cada comida, toma una cáscara de pan, con la cual la miel es mejor que con la miga; coma tres o cuatro bocados cubiertos de buena miel. Los gourmets son advertidos de que el vino de postre no es tan bueno después de la miel; por lo tanto es mejor tomar miel para terminar. Antes de dormir, tome una cucharada de miel: su dormir será más tranquilo y sus sueños, más agradables.

La miel debe reemplazar al azúcar en la preparación de alimentos preparados, tortas y pasteles, pero no debe calentarse por más de quince minutos.

CARAMELOS Y BOMBONES DE MIEL

Mezclar cuatro cucharadas de azúcar rallada, cuatro cucharadas de chocolate rallado, cuatro cucharadas de manteca o medio litro de crema, seis cucharadas de miel y un poco de vainilla. Poner en un recipiente de cobre sobre un fuego intenso, revolver con una cuchara de madera, testear en un vaso de agua fría (para verificar si la mezcla ha cuajado), verter sobre mármol engrasado, marcar con un cuchillo, dejar enfriar, separar las piezas, ponerlas en una caja de hojalata con capas de papel platinado.

TURRÓN DE MIEL

Cocinar un kilogramo de miel de buena calidad, en trozos pequeños, teniendo cuidado de revolverla de tiempo en tiempo para evitar que se adhiera; batir cuatro claras de huevo hasta merengue y mezclar con la miel. Después de esta adición, bajar la intensidad del fuego y revolver constantemente con una cuchara de madera para evitar la ebullición. Se deja en el fuego hasta que, una vez que se han licuado las claras de huevo, la miel reanuda su cocción (lo cual se reconoce con un vaso de agua como antes). Esta masa se mezcla con un kilogramo de almendras dulces previamente blanqueadas y secadas, ya sea en un esterilizador o en un horno suave, para sacarles la humedad. Luego darle forma para obtener un espesor adecuado y cortar antes de que se enfríe las tiras de turrón del ancho que se desee. Una porción de azúcar y una aromática pueden agregarse a la miel según se desee. Las almendras pueden ser reemplazadas por pistachos o avellanas, o obtener una mezcla de todos ellos.

CROCANTES DE MIEL

125 grs de azúcar en polvo; 65 grs de miel derretida; 150 grs de harina de buena calidad; 2 huevos enteros.

Batir fuertemente en un recipiente el azúcar y los dos huevos enteros. Poco a poco agregar la miel y la harina, siempre batiendo. Dejar reposar la pasta semilíquida obtenida durante una media hora.

Repartir con una cuchara en pequeñas pilas bien espaciadas, sobre una plancha enmantecada. Después de unos minutos, cuando están dorados, se ponen en un mármol o en un plato, donde se endurecen al enfriar (se mantienen bien).

JARABE DE MIEL

Hervir durante dos minutos 2 kilogramos de miel, 400 gramos de agua y 40 gramos de tiza. Añadir 50 gramos de carbón animal y una clara de huevo diluida en agua. En el primer hervor retirar del fuego y dejar enfriar durante un cuarto de hora. Se pasa el jarabe caliente por un filtro tantas veces como sea necesario para que quede claro (debe marcar 31o Baumé - densidad 1,27 kg/lt para conservarse bien). Embotellar.

LICOR DORADO DE MIEL

Agregar 4 kilogramos de miel al agua necesaria para formar 8 litros de mezcla. Reducir a 4 litros haciéndola hervir. Después de enfriar mezclar con 3 litros de alcohol puro de buena calidad. Dejar macerar durante 8 a 15 días con 3 palitos de vainilla en rama. Se obtienen de esa manera 7 litros de delicioso licor.

CURAÇAO DE MIEL

Se dejan macerar durante 15 días en un litro de brandy, 50 gramos de cáscaras de naranja, sin su parte blanca que es amarga. Se agregan 600 gramos de miel disueltos en 600 gramos de agua (o mejor, agregar jarabe de miel). Agregar una pizca de canela, una de macís y dos dientes de clavo de olor.

ANÍS DE MIEL

Dejar macerar durante ocho días 5 gramos de anís en un litro de brandy de 18 a 20o. Mezclar con jarabe de miel. Filtrar después de enfriar.

CREMA DE FRESAS

Hacer una infusión de fresas en brandy durante quince días o tres semanas, exprimir sobre un tamiz, agregar la miel disuelta en agua y dejarla aclarar. Exponer la mezcla al sol para que estacione. Para cremas de moras, cerezas, frambuesas, etc, se procede de la misma manera.

CREMA DE AZAHAR

Dejar macerar durante dos o tres horas 125 gramos de azahar en 2 litros de brandy de 18 a 22o; dejar aclarar, agregar 750 gramos de miel disuelta en medio litro de agua, mezclar y filtrar.

PAN DE JENGIBRE

Mezclar 500 gramos de harina con 500 gramos de miel. Dejar reposar durante unos días. Resulta una pasta que, por otra parte, puede conservarse durante mucho tiempo. A la hora de hornear, agregar 6 gramos de carbonato de potasio y sabores a gusto.

Se puede usar indistintamente harina de trigo, de centeno, de maíz o de alforfón (o trigo sarraceno).

La masa se coloca en moldes de hojalata con tapa, como bandejas para galletas. Aceitar estos moldes. Difundir la masa dejando 2 cm de espesor. Cocinar a fuego lento durante dos o tres horas. Girar los moldes dos o tres veces a fin de presentar las distintas caras en forma alternada a la fuente de calor. Después de una hora se puede abrir y constatar la cocción.

PASTILLAS DE MIEL

Derretir a fuego lento 100 gramos de azúcar en 100 gramos de miel. Luego calentar más fuerte hasta el punto en que se fracture. Vierta de a cucharadas, del tamaño deseado, sobre una losa de mármol engrasada.

MACARRONES DE MIEL

Mezclar 2 huevos y 200 gramos de harina. Mezclar aparte 250 gramos de miel y 125 gramos de manteca, calentando suavemente. Reunir las dos mezclas, mientras se revuelve. Aromatizar a gusto. Sobre una chapa enmantecada se vierte la mezcla de a gotas en trozos como monedas de 1 Franco distanciados de 3 a 4 centímetros. Se coloca la chapa a fuego lento durante 5 a 6 minutos. Los macarrones se tornan amarillos y aumentan su volumen. Después de enfriar, se separan fácilmente de la chapa.

60

Remedios con Miel

Gracias a sus múltiples propiedades, la miel puede ser utilizada ventajosamente en muchos casos, ya sea de uso interno como externo.

Un cirujano de Austria, después de sus experiencias, ha colocado a la miel entre los mejores sanadores, por las siguientes razones:

La miel madura ha sido procesada procesada por las abejas para ser conservada casi indefinidamente, ellas le comunican los principios que aseguran su conservación. Por esta razón, y también a causa de su densidad y de sus azúcares, ningún germen patógeno puede vivir dentro de la miel. Incluso los microorganismos vivos y peligrosos, como el bacilo del tifus (que prospera en la mayoría de nuestros alimentos), perecen si son introducidos en la miel.

También podemos usar la miel de forma segura en los apósitos para heridas, quemaduras y forúnculos.

Cuando se deja un pote de miel abierto, expuesto al aire, en un lugar húmedo, se observa que el nivel de la miel aumenta gradualmente. Lo que ocurre es que la miel está absorbiendo el agua de la atmósfera.

Del mismo modo, si se aplican a las heridas tiras de lienzo previamente recubiertas con miel, ésta extrae líquido de los tejidos. Esta linfa arrastra consigo el pus y los venenos, e incluso ataca a los microbios. La miel los mata por su acción antiséptica.

Además, la miel contiene dos tipos de azúcar natural, sales minerales y valiosas vitaminas. Es probable que sean absorbidas por las células y los tejidos de las heridas. Si es así, su poder curativo se explica aún mejor.

Para sanar, las heridas deben dejarse en sin tocar lo más posible. La miel suaviza y no irrita la piel, y debido a su consistencia, se adhiere a la herida y suaviza todas sus partes. Al no contener grasas, no deja residuos en forma excesiva, no se seca y los vendajes no se pegan.

TOS, BRONQUITIS, RONQUERA

Tome una cucharadita de miel tibia cada dos horas durante el día; una cucharada una hora antes del almuerzo y otra por la noche, antes de acostarse. Si la miel se mezclara con un poco de grasa de ganso, el remedio sería más eficaz.

AFTAS, MUGUET

Friccione con miel complementada con alumbre o borax. O use "miel rosada", hecha de miel y esencia de rosas.

INFLUENZA

Tome un té fuertemente saborizado con miel y un poco de ron y limón.

ENFERMEDADES DE LOS ÓRGANOS DIGESTIVOS

La miel, debido a sus propiedades refrescantes, laxantes y purgantes, previene el estreñimiento, es muy buena contra las inflamaciones del estómago, incluso de la vejiga. No existe, dice el Dr. Guérin, un medicamento más adecuado contra las fiebres intestinales, y agrega que debería ser el alimento preferido de los organismos febriles.

GUSANOS INTESTINALES
Dé a los niños miel mezclada con un poco de ajo.

CONSTIPADOS
Tome con frecuencia leche caliente endulzada con miel.

INSOMNIO
Tomar dos o tres cucharadas de miel antes de acostarse; calma los nervios.

INFLAMACIÓN DE LOS OJOS
Disuelva unas gotas de miel pura y clara en un poco de agua caliente. Deje fluir en los ojos unas gotas de dicho líquido, de cuatro a cinco veces al día, la última vez antes de acostarse. Unos minutos después elimine las secreciones que fluyen bajo los párpados, sin limpiar, sin embargo, los ojos mismos.

ÚLCERAS, ABSCESOS
Use un ungüento hecho de miel amasada en caliente con harina de centeno o cebollas asadas.

QUEMADURAS
Hacer compresas de miel o melaza.

CORTES, CICATRICES
Fabrique loción de miel diluida en agua; o bien, por la noche, frótese las manos con miel y póngase guantes. Utilizar el jabón de miel.

JABÓN DE MIEL
Amasar 50 gramos de jabón blanco de buena calidad rallado con 130 gramos de miel, 16 gramos de aceite de tártaro y 70 gramos de agua de flores de azahar.

CALENTAMIENTOS E INFLAMACIONES DE LA PIEL
Aplique lociones de miel diluida en agua.

IRRITACIONES AL AFEITARSE

Haga lociones de miel en agua y frote con un poco de miel antes de limpiar.

CUIDADO DE LA PIEL

Los cosméticos y los jabones no valen tanto como las lociones de miel en agua para dar a la piel blancura y suavidad.

La miel no quema la piel como lo hace la glicerina, y no carga los poros con impurezas como lo hace la grasa. La glicerina y la grasa se encuentran en todas las preparaciones comerciales.

Para dar a la epidermis blancura y dulzura, nada mejor que la siguiente composición. Tiene una sola falla, que es ser demasiado simple. Mezclar miel líquida con harina de maíz para formar una pasta espesa. En el inodoro, antes de limpiar, extienda esta pasta sobre la piel; frotar el mayor tiempo posible, pasar un poco de agua y limpiar.

ACEITE DE HÍGADO DE BACALAO

El aceite de hígado de bacalao se puede reemplazar con butyromiel, que consiste en dos partes de manteca fresca batidas con una parte de miel. Esta crema de un amarillo dorado, de gusto fresco, con sabor a vino de Sauternes, es más fácilmente aceptada por los niños.

PANADIZO

Para curar estas heridas con brotes e inflamaciones, tomar una yema de huevo e igua cantidad de miel, una cucharadita de alcohol alcanforado y una cucharada de esencia de trementina fresca; mezclar bien y hacer una pasta de consistencia clara. Extender una capa delgada sobre la herida y mantenerla fresca. Esta pasta hace disparar y eliminar el pus con una fuerza increíble; la cura es muy rápida.

61

Hidromiel

OBSERVACIONES

El hidromiel o vino de miel es una bebida alcohólica preparada a partir de la fermentación de la miel.

Yo no creo en el futuro del hidromiel. Es más caro y, a menudo, más imperfecto que el vino. Sin embargo, debe tener su lugar entre aficionados y entre todos los apicultores.

La fabricación del hidromiel es un asunto delicado. Para comprender sus dificultades, es importante conocer qué es la fermentación.

A los que quieran especializarse en la fabricación de hidromiel, que deseen un buen producto sin exponerse a gastos desmedidos, les aconsejo que confíen su miel a un especialista en la fermentación de la miel, que a cambio les dará un hidromiel agradable y de buena calidad.

FERMENTACIÓN

La fermentación es el desarrollo y la multiplicación de un microbio, un ser infinitamente pequeño, en el agua, que es su medio como el aire es el nuestro, bajo la influencia de una alimentación apropiada: el azúcar. El alcohol que contiene el agua después de la fermentación es como el excremento de estos microbios.

Existe una gran variedad de microbios que pueden producir fermentación. Su vigor será diferente, y tampoco sus productos serán iguales.

Por lo tanto, es importante eliminar los microbios negativos, adoptar algunos que den buenos productos, lo suficientemente vigorosos como para resistir a los otros. También es necesario eliminar todo aquello que pueda demorar el desarrollo de buenos microbios, y proporcionarles todo lo que permita promoverlo.

Debemos abstenernos de la fabricación de hidromiel dulce. La abundancia de azúcar retrasa la fermentación. La producción de alcohol también demora la fermentación y, más aún, a medida que se acerca al grado alcohólico 15o. Los microbios se ven impedidos por el alcohol y por el azúcar, como podríamos ser nosotros si estuviéramos inmersos en excrementos o en leche, siendo ésta uno de nuestros mejores alimentos. Sin embargo, los microbios se sentirán menos inhibidos que nosotros, ya que ellos, infinitamente pequeños, tienen más resistencia.

Sin embargo, una fermentación lenta permitirá la llegada de microbios extraños, de menor valor, lo que nos daría un producto inferior o disminuirá el valor del producto en el largo plazo.

También debemos abstenernos de la fabricación de hidromiel con gas. Para esta producción, hace falta un conocimiento que solo tienen los especialistas.

GRADUACIÓN ALCOHÓLICA

Es importante dotar al hidromiel de una graduación alcohólica de 8 a 10o. Esta graduación alcanza para garantizar la conservación del líquido. Además, tal hidromiel no contendrá suficiente azúcar ni suficiente alcohol como para interferir en la fermentación.

TEMPERATURA

La mejor temperatura está entre 20 y 25o C. A mayores o a menores temperaturas, la fermentación se enlentece.

Método tradicional

En este método, el polen se usaba como fermento.

Debe ser discontinuado; nunca produjo hidromiel de buen gusto y agradable de beber.

Método artificial

En este método, la miel sola proporciona el azúcar y el alcohol; el fermento es artificial. Debido a la merma durante la fabricación, se utilizarán 24 g de miel por litro y por grado de alcohol. Por lo tanto, serán 2,4 kg por grado en un hectolitro, es decir, 24 kg por hectolitro de hidromiel al 10o. Hervir esa miel en una olla o caldero esmaltado con su mismo peso en agua. Quite el sobrenadante. Cuando el jarabe se encuentre límpido, agregar 6 g de nutrientes "Le Clair" y 60 g de fosfato de amonio. Vierta en un tambor completamente limpio de 100 litros de capacidad. LLene con agua limpia, o, mejor, hervida, hasta alcanzar un nivel a 10 cm desde la tapa.

Cuando el líquido alcanza una temperatura entre 20 y 25o C, se vierten 120 g de ácido tartárico diluido en un poco de agua caliente, 10 g de tanino en agua, luego 500 g de levaduras seleccionadas de Champagne, Sauterne o Chablis. Otros vinos no dan los mismos resultados.

Se bate enérgicamente, se coloca un tapón hidráulico. Después de 15 o 20 días se pasa a un barril sulfurado. Si el líquido está turbio, se limpia con 2 a 3 g de clarificante Isinglass. Un mes después puede ser embotellado.

Método natural

En este método, las frutas proporcionan en parte el azúcar y el alcohol, y la totalidad de las levaduras, los taninos y las sales. Creemos que es el mejor método, más aún si las frutas proporcionan al menos un tercio del azúcar.

Aquí presentamos una fórmula que nos ha dado buenos resultados. Las frutas aportan 3/10 del azúcar, la miel los restantes 7/10.

Hervir 17 kg de miel en una olla o caldero esmaltado con el mismo peso en agua. Eliminar el sobrenadante. Cuando el jarabe está claro, se agregan 60 g de ácido tartárico. Se transfiere a un tambor de 100 litros minuciosamente limpio. Se trituran en una tina algunas de las siguientes: 35 kg de uvas, 45 kg de cerezas, 60 kg de ciruelas, 75 kg de grosellas, 75 kg de fresas, 80 kg de grosellas rojas, 100 kg de moras. Se agregan al barril cuando su contenido alcanzó la temperatura de 20 a 25o C. Se llena el barril con agua limpia, o prefentemente, hervida. Se entiende que los frutos están maduros y son de buena calidad. Pueden mezclarse ventajosamente, manteniendo las proporciones. Si se usan dos tipos de frutas, por ejemplo, ciruelas y moras, debemos tomar 30 kg de ciruelas y 50 kg de moras. Si se usaran tres tipos de frutas, por ejemplo, ciruelas, moras y uvas, las cantidades deberían ser: 20 kg de ciruelas, 33 kg de moras y 12 kg de uvas.

Se coloca un tapón hidráulico en el tambor. Se hace rodar el barril de vez en cuando para disolver la corteza. Cuando la fermentación haya finalizado, el líquido se traspasa a un barril sulfurado como de costumbre. Finalmente, se embotellará cuando la hidromiel esté bien clara.

62

La Cera

Después de la extracción de la miel, quedan opérculos de cera y restos de panales. Después de realizar un trasiego de una colmena rústica y la extracción de su miel, también quedan residuos y panales secos y vacíos.

A la cera seca se la llama cera de rama; la húmeda se denomina cera grasa.

Para lograr que estas ceras sean utilizables, deben separarse de sus impurezas: polen, larvas muertas, capullos de crisálida, polvo.

OBSERVACIONES

1 - Se utilizan varios métodos para la purificación de la cera: derretirla por calor solar, por calor en un horno, o por agua caliente. Pero los tres procesos se basan en el hecho de que la cera de abejas se funde a una temperatura de 62 a 64 oC, y que al fundirse se separa espontáneamente de sus impurezas como resultado de su menor densidad, aproximadamente 0,965 g/cm3.

2 - Cuanto más cerca de 64 oC ocurre la fusión, la cera obtenida será de mejor calidad.

3 - El hierro fundido y el hierro sin fundir le dan un color marrón a la cera. Es lo mismo que ocurre con las aguas ricas en hierro. Se puede utilizar hierro estañado.

FUSIÓN POR CALOR SOLAR

Se venden en el comercio dispositivos llamados cerificadores solares que permiten el derretido de la cera. Estos aparatos están construidos sobre el mismo principio que los marcos térmicos vidriados que usan los jardineros.

Con estos intercambiadores de calor se obtiene una temperatura cercana a los 88 oC. Este nivel de calor se obtiene más fácilmente pintando de negro el interior del cerificador, empleando un vidrio grueso, agregando un segundo panel sobre el primero, manteniendo el cerificador de frente al sol.

Esta fusión es económica y no tiene los inconvenientes de otros métodos. También proporciona un excelente producto. Pero es especialmente adecuado para opérculos y ceras en rama muy limpias. Las impurezas de otras ceras absorberían algo de la cera derretida. No sé si esta pérdida de cera supera al ahorro en tiempo y combustible. No lo tengo claro. Me gusta mucho el cerificador solar. Desafortunadamente solo puede utilizarse en el verano.

FUSIÓN EN HORNO

Este proceso sigue siendo económico, pero con su uso a menudo sucede que la cera se quema, adquiere un tono marrón y un olor desagradable.

En cualquier caso, a continuación se describe cómo debemos proceder para esta fusión. Los panales se cortan en trozos pequeños y se colocan en un tamiz de malla de alambre o colador ordinario. Se coloca sobre un recipiente de tamaño adecuado que contiene 4 o 5 centímetros de agua. Se coloca todo en un horno de pan una vez que se ha sacado el pan o en el horno de la cocina. Cuando la cera se derrite, se deja enfriar lentamente y sin agitar el recipiente que la contiene.

FUSIÓN POR AGUA CALIENTE

Esta fusión es más rápida y proporciona un buen producto. Es adecuada para todas las ceras y todas las cantidades.

Tres días antes de operar, los panales se rompen en pequeños trozos y se sumergen en el agua. Pasados estos tres días, procedemos a la fusión de la siguiente manera:

La operación puede realizarse en el horno de la cocina. Pero hay que asegurarse de que no haya cera en el horno porque es muy inflamable.

En la parte más caliente del horno se coloca un recipiente con 4 a 5 centímetros de agua, sobre el cual se extiende un tamiz o tela metálica o un colador común.

Se hacen arreglos para obtener libremente agua hirviendo en la caldera del horno o en otro lugar.

Luego se toma un recipiente lo suficientemente grande, por ejemplo, una tina de lavado, que se llena con agua hasta 1/3 parte. Esta agua se hace hervir. Se echa en esta agua hirviendo la cera bruta que habíamos remojado en agua con anticipación. Sólo se llena este recipiente hasta sus 2/3 partes, de modo que en caso de hervir, la cera no se derrame sobre el horno. También debemos evitar esta ebullición que afecta la calidad de la cera. Es conveniente tener cerca un vaso con agua fría, que se agregará en caso de que comience a hervir.

La cera se deja en el recipiente hasta que se completa la fusión. Entonces se toma con una cuchara grande para pasarla al tamiz o colador que había sido dispuesto. Se echa sobre él agua hirviendo hasta que no salga más cera.

El residuo que queda en el colador se desecha y se comienza otra vez.

Cuando se haya terminado o cuando el recipiente que contiene la cera fundida está lleno, este recipiente se colocará en una habitación si es posible caliente; en cualquier caso, se rodea de tela y aserrín, para enlentecer su enfriamiento. Las impurezas restantes se depositan en el fondo. Cuanto más lento sea el enfriamiento, más limpia será la cera.

MÉTODO ALTERNATIVO

Poner todos los restos de cera en un lienzo fuerte o bolso viejo. Ate de forma segura de manera de formar un paquete, una especie de pelota. Toma la lavadora que usa tu ama de llaves, introduzca en su parte inferior una pocas ramitas para evitar el contacto del paquete y la parte inferior de la lavadora. LLénela con agua hasta que el paquete quede cubierto por 10 centímetros. Una piedra u otro peso mantendrá la cera en el fondo. Cuando el agua está lo suficientemene caliente, la cera se derrite y asciende a la superficie del agua. Comprima de vez en cuando el paquete con un bastón. Tan pronto como no salga ninguna cera del paquete, retire la lavadora del fuego y deje enfriar lentamente.

LIMPIEZA DE LA CERA

Durante el enfriamiento de la cera, se depositan pequeñas impurezas en el fondo del bloque de cera. Después del enfriamiento completo de la cera, se forma debajo del bloque una capa más o menos gruesa de impurezas, que llamamos "pie de cera".

Este pie de cera se raspa. Luego se vuelve a fundir la cera, tantas veces como sea necesario para obtener la pureza deseada. Cada vez se raspa el pie de cera formado.

Estas fundiciones sucesivas se harán preferiblemente en baño maría para evitar quemaduras de la cera, y en un recipiente conteniendo unos pocos centímentros de agua.

Los panales con moho, o aquellos que fueron parcialmente devorados por la polilla de la cera, nunca dan una cera de buena calidad. La solidificación más lenta de la cera no soluciona este problema. En este caso es necesario someter el material liquido a un verdadero collage, agregando ciertas sustancias que atrapan las impurezas y las obligan a depositarse.

El mejor líquido es la que se obtiene mezclando medio litro de ácido sulfúrico en dos litros de agua, vertiendo el ácido lentamente en el agua. Nunca lo contrario, para evitar proyecciones peligrosas. Estas cantidades corresponden con 100 kilogramos de cera derretida. Cuando la cera es muy negra, sobrecargada de impurezas, se agregan tres cuartos de litro de ácido sulfúrico, para 100 kilogramos de cera. Tenga cuidado de no iniciar un fuego.

El ácido sulfúrico puede ser reemplazado por alcohol. La alúmina también tiene propiedades clarificadores. En este caso, se vierte 1 gramo de alúmina por litro de masa fundida.

También se puede mezclar un poco de gelatina con cera fundida.

MOLDES DE CERA

Los moldes de cera tendrán dimensiones acordes a los gustos y necesidades de cada uno. Estos moldes se engrasarán con aceite y se calentarán antes de verter la cera.

Un ladrillo de cera debe ser ligeramente redondeado. Si la cera se vierte en el molde demasiado fría, la protuberancia es más pronunciada y en los lados del ladrillo habrá líneas paralelas. Si, por el contrario, se vierte demasiado caliente, la parte superior quedará hueca o cubierta con grietas acentuadas. Será conveniente poner un poco de agua caliente en el fondo de los moldes.

LIMPIEZA DE MOLDES Y DEMÁS RECIPIENTES

Para limpiar los moldes y demás recipientes utiizados para derretir la cera, frótelos con aserrín mientras todavía están calientes. También puede hervir una solución de cristales de soda con aserrín.

COLOR DE LA CERA

El color de la cera purificada varía del amarillo pálido al marrón amarillento. Se piensa que este color es dado a la cera por el polen que las abejas consumen mientras la fabrican.

ADULTERACIÓN DE LA CERA

Dado que la cera de abejas es muy costosa y el material muy fácil de falsificar, ocurre que se falsifica a menudo. Sin recurrir a los análisis quimicos, difíciles y costosos, podemos darnos cuenta si la cera es pura por los siguientes métodos:

Derretir la cera sospechosa. Si se trata de cera pura, se va a fundir a una temperatura entre 62 y 64o C. Si se derrite a una temperatura tan solo un grado inferior o superior, entonces dicha cera no es pura.

Derretir la cera en trementina. La cera pura permanece transparente, se funde completamente y no se deposita. Si se observan depósitos, o la disolución es incompleta o turbia, es porque la cera está falsificada.

RENDIMIENTO EN CERA

En la apicultura movilista el desoperculado de los panales

da una cantidad de cera equivalente al 1 o 2% de la miel extraída.

Las colmenas rústicas proporcionan cera dependiendo de su volumen.

Una colmena de 30 litros contiene 10 litros o decímetros cúbicos de espacios entre panales, y 20 litros o decímetros cúbicos, o 80 decímetros cuadrados de panales. Pero un decímetro cuadrado de panal contiene 11 g de cera. Por medios ordinarios solo se extraen de 6 a 7 g. Por tanto, una colmena de 30 litros daría de 500 a 600 g de cera. El resto de la cera, de 300 a 400 g, permanecen en los residuos, que algunas compañías utilizan para solventes apropiados.

Cabe señalar que no debemos apreciar el valor de la cera por su peso en bruto. Los viejos panales negros y gruesos contienen tanta cera como los otros, pero no más. Su mayor peso se debe a las impurezas acumuladas en su interior que incluso impiden, al absorber la cera, su completa extracción.

Depilación

Cera amarilla: 400 g
Colofonia: 100 g
Aceite de trementina: 100 g
Carbón animal: 150 g

Derretir la cera en baño María; cuando se haya derretido, en una habitación sin fuego y durante el día, agregue gradualmente la colofonia que se había disuelto en frío en la trementina, luego ponga el carbón animal y revuelva hasta que se enfríe completamente.

Cuanto menos carbón introduzcas, más claro será el brillo.

Pulido de pisos

Ésta es una excelente fórmula:

Cera amarilla, 1 kg,

potasa disuelta en un poco de agua (medio litro)

Después de hervir estas dos sustancias en dos litros de agua durante media hora, añadir: 125 g de amarillo ocre. Retirar del fuego, agitar esta mezcla enérgicamente hasta que quede tibia. Extiéndala en el piso bien lavado por adelantado y seco: una primera capa, y luego, una vez seco, una segunda capa.

313

63

El Propóleo

¿**QUÉ ES EL PROPÓLEO?**

El propóleo, la muralla o barricada destinada a defender la ciudad, se conocía en la época de Aristóteles.

Contiene 76,27% de cera, 22,15% de resina y 1,58% de agua y aceite volátil.

Es un material muy adherente y suave cuando está caliente, frágil y duro cuando está frío.

Es una sustancia resinosa que las abejas recolectan de los brotes de pinos, abetos, álamos, castaños, sauces, etc.

Las abejas usan propóleo para reducir la entrada de las colmenas, para evitar que entren mariposas y ratones entren en ellas, - para tapar las aberturas que se pueden formar en las paredes y que podrían causar una pérdida de calor, - para llenar los vacíos en las colmenas, por ejemplo, entre los cuadros y las paredes de las colmenas con cuadros, porque estos vacíos son antinaturales, - para formar galerías entre los listones porta-panales y el lienzo que los cubre, galerías que serán útiles en invierno.

Las abejas también usan el propóleo para revolver, envolver

o embalsamar animales pequeños introducidos en la colmena, y de los cuales las abejas no pueden deshacerse de otro modo: ratones, lagartos, caracoles, etc.

CÓMO TRATAR EL PROPÓLEO

El propóleo colocado en los huecos de la Colmena del Pueblo con paneles fijos no es para nada molesto. Y hay poco en otros lugares.

A la entrada de la colmena, el propóleo se eliminará en la primavera, cuando se amplíe esta entrada. Pero ésta seguramente no habrá sido disminuida por el propóleo, lo habrá sido en el otoño por la instalación de la puerta.

En cuanto al propóleo que siempre encontramos encima de los listones porta-panales, se procederá a eliminarlo en cada operación para facilitar la recolocación de las cajas mediante deslizamiento horizontal.

Después de la invernada, no hay razón para abrir la colmena. En cualquier caso, en ese momento será perjudicial eliminar este propóleo. Las galerías hechas con él son útiles para las abejas durante el invierno. Facilitarán el paso de las abejas. Ésta es una razón más para realizar la cosecha temprano antes del invierno.

Para restringir la propolización de la madera, lienzo, herramientas, etc, es muy conveniente recubrirlas con vaselina o aceite. Las herramientas y las maderas las limpiamos con alcohol, amoníaco, bencina o esencia de trementina.

PURIFICACIÓN DEL PROPÓLEO

Expóngalo al frío para endurecerlo. Luego pulverizarlo. Cúbralo con agua hirviendo. El propóleo se derretirá, así como la cera que contiene. Después de enfriar, se obtendrá un pan de propóleo en el fondo del recipiente, y sobre el agua una capa de cera.

USO DE PROPÓLEO

Con el propóleo, se puede hacer un barniz. Pulverice el propóleo purificado. Agregarlo en un recipiente que contenga alcohol hasta alcanzar la saturación. El propóleo se disolverá. Se obtendrá un barniz que podrá colorearse con colorante en polvo.

Este barniz se extiende con un pincel, se seca rápidamente. Se vuelve más brillante si el objeto barnizado se somete al calor de un horno.

Este barniz podría usarse para pintar las colmenas, especialmente la parte superior del techo. Dentro de la colmena, podría ser bueno para las abejas y podría atraer enjambres.

En cualquier caso, este barniz podría reemplazar al sellador de injerto, o a la cera de sellado; podría usarse para detener las fugas de riego, para rellenar las juntas de carpintería, las grietas en los barriles, para evitar la oxidación de las tuberías de la estufa.

En su estado natural, el propóleos será de utilidad en el ahumador. Tambié puede quemarse sobre carbón caliente para purificar y perfumar el aire de los ambientes.

64

Alimentación de invierno

OBSERVACIONES

Un apicultor no debería tener que alimentar a sus abejas en el invierno. Los agregados de provisiones, si éstas fueran insuficientes, debieron proporcionarse en la cosecha de otoño, antes de comenzado el invierno.

Sin embargo, ocasionalmente puede ocurrir que falte tiempo o vigor. Aquí se explica la manera de reparar este inconveniente.

La alimentación es más perjudicial en invierno que en primavera. Por lo tanto, es mejor alimentar en invierno solo a las colonias realmente necesitadas, y darles solo lo necesario. Se terminará de alimentar en la primavera, en marzo o en abril.

AZÚCAR EN UN PLATO

Yo no aconsejo el uso de azúcar o dulce. Su fabricación es dificultosa. A menudo sucede que se acaramela sin que nos demos cuenta. Este azúcar quemado no sirve para darle a las abejas.

Además, el dulce del comercio siempre es el azúcar, que no es adecuado para las abejas, especialmente en el invierno.

Sin embargo, presentamos aquí una receta de caramelo para las abejas:

Vierta 3 kg de azúcar cristalizada u otra, agregue 1 litro de agua hirviendo para facilitar la disolución rápida mientras se agita en caliente; dejar hervir con fuego intenso durante 15 a 20 minutos para alcanzar una temperatura cercana a 120oC, siempre revolviendo; durante la ebullición del azúcar agregue 3 g de crema tártara, , hacia el final de esta cocción, de 0 a 500 g de miel.

Dejar enfriar hasta alrededor de 35 a 40oC. Con una buena espátula remover vigorosamente.

Un fenómeno químico ocurre más o menos espontáneamente al convertir el jarabe en una pasta blanca que se puede moldear según sea necesario. Este caramelo, bien hecho, es blanco y parece fondant de bombones.

TARRO DE MERMELADA

Siempre se puede usar un tarro de mermelada, cubierto con un paño y colocado dado vuelta entre los panales. Pero en ese momento, es necesario poner en esa ola agua pura con miel, guardando la relación (en peso) de 2/3 de miel y 1/3 de agua.

Para hacer esto, elija, preferentemente, un frasco de vidrio transparente, de modo que, sin levantarlo, pueda ver cuando esté vacío. LLene el frasco con jarabe ligeramente tibio, cúbralo con un paño no demasiado apretado, que fijará con una cuerda. Coloque esta olla sobre un cuadrado de tela metálica colocada en el centro del lienzo que cubre los panales, donde se ha eliminado un cuadrado más pequeño que el de tela metálica. Coloque una caja vacía sobre su colmena y llénela de paños viejos para mantener el calor alrededor del frasco. Cubra la colmena con el alza aislante y el techo.

AZÚCAR EN PASTA

También se puede usar azúcar en pasta. Queremos señalar que el azúcar cristalizado y el azúcar en polvo no son adecuados para hacer esta pasta.

Deben ser triturados y reducidos a harina, o puede usarse el "icing sugar" utilizado por los pasteleros.

El más adecuado para hacer esta masa es el "icing sugar" utilizado por los chefs de repostería. Si no disponemos de él, se utilizará el azúcar disponible que se reducirá a polvo.

A continuación se detalla cómo preparar esta masa: derretir 750 g de miel sin añadir agua. Agrega el azúcar poco a poco, mientras se trabaja la masa. Nos detenemos cuando la miel no absorbe más azúcar. 750 g de miel absorben fácilmente 1 kg de azúcar.

El azúcar en pasta es mejor que el azúcar en plato, pero no supera a la miel.

USO DE LA PASTA DE AZÚCAR

La pasta se coloca sobre una tela delgada, al estilo de un cataplasma, y esta tela se deposita sobre los listones porta-panales, por debajo del lienzo de la colmena.

En cualquier caso, es importante proceder rápidamente para reducir la pérdida de calor de la cámara de cria y cubrir cuidadosamente esta cámara para mantener bien el calor. Nuestra alza aislante bien lleno y correctamente embalado es suficiente.

65

La Apicultura en invierno

LIMPIEZA DE LAS CAJAS

Después de quitar las cajas que se dieron a las abejas para que las limpien, rápidamente procedemos a limpiarlas, a quitar el propóleo y la cera adheridos.

Preferimos eliminar todos los panales y dejar solo medio centímetro que servirá como iniciador de cera ("starter strip").

Sin embargo podemos conservar los panales más regulares, bien blancos.

En cualquier caso, este trabajo debe realizarse lo antes posible, ya que es importante derretir los panales lo antes posible, porque en invierno no podrán tocarse sin romperlos.

Los panales que no se derritan deben ser sometidos a una mecha de azufre para conservarlos y preservarlos de la polilla de la cera.

CONSERVACIÓN DE LAS CAJAS

Las cajas se apilan en un lugar alejado de la humedad y los roedores. Éstos son muy aficionados a la cera e incluso a la madera con cera y propóleo adheridos.

Revisión del material

En el invierno el apicultor podrá reparar material viejo que no esté ocupado por abejas y construirá colmenas nuevas, o hará pedidos para que se las entreguen a tiempo.

Tiempo libre

El mal tiempo y las largas tardes proporcionan tiempo libre. El apicultor aprovechará esta oportunidad para releer los tratados y revistas de apicultura. Una nueva lectura le permitirá comprender lo que no comprendía previamente; apreciar lo que antes consideraba inútil.

El apicultor también aprovechará estos momentos para registrar sus dificultades y observaciones, y para comunicárselas al director de su revista de apicultura. Si todos los apicultores hicieran esto, el progreso de la apicultura se aceleraría.

Movimiento de colmenas

Cuando se necesite cambiar colmenas de lugar, se puede hacer en invierno, después de mantenerlas recluidas de 10 a 15 días, sin otra precaución que no agitarlas.

No me gustan estos movimientos en invierno. La menor sacudida puede separar a las abejas e incluso a la reina, poniéndolas en peligro de muerte. Prefiero realizar estos traslados en la temporada, a partir de marzo, y proceder de la siguiente manera:

En caso de tener que trasladarlas al menos 3 kilómetros, se cuidará que las colmenas estén bien aereadas, ya que las abejas a menudo se asfixian durante el viaje. Para permitir la aireación de las colmenas, se cubrirán con una tela metálica, sin nada más encima,durante el viaje. Por la noche se cierran las entradas de las colmenas con tela metálica y se transportan lo más rápidamente posible, teniendo cuidado de colocar los panales en la misma dirección del desplazamiento, y de evitar sacudidas, para no romper los panales.

Si la distancia a moverlas fuera mínima, se debe proceder de la siguiente manera:

En la noche del primer día, se ponen todas las colmenas en

desorden, girándolas de diferentes maneras, sin trasladarlas de su ubicación original; en el segundo día, por la noche, se vuelven a girar modificando su desorden, y se trasladan todas las colmenas un metro hacia el sitio que está destinado para ellas; en la noche de la tercera jornada, se giran desordenándolas nuevamente y se avanzas todas las colmenas 3 metros; así se continúa sucesivamente, siempre modificando su "desorden" y triplicando los metros desplazados cada día, hasta alcanzar la ubicación deseada.

Obviamente, deben evitarse las sacudidas.

En verano, para mover una colmena menos de 3 kilómetros, es recomendable bajarla a una bodega oscura durante tres días, antes de llevarla a su lugar final.

DEJAR LAS ABEJAS EN PAZ

En el invierno, se deben evitar las sacudidas en las colmenas; tanto en los

movimientos que se realizarán preferiblemente en marzo o abril, como en las reparaciones, que tendrán que hacerse antes o después del invierno. Cualquier golpe que se dé a la colmena, hace que las abejas se muevan zumbando y consuman miel.

En invierno, también evitaremos abrir la colmena cualquiera sea la razón. La apertura de la colmena provoca enfriamiento y por tanto un consumo extra de miel que las abejas en ese tiempo transforman en calor.

Pero estos consumos extra de miel significan una pérdida para el apicultor; constituyen, sobre todo, un exceso de trabajo nocivo para las abejas. Las generaciones de abejas de verano trabajan veinticuatro horas al día cuando las circunstancias lo permiten.

Las generaciones de verano deben compensar este exceso de trabajo de las generaciones anteriores mediante un descanso completo, a fin de evitar la degeneración de la colonia. Respetar las leyes de la naturaleza. Vidit … quod esse! bonum (Génesis). Y paz para las abejas, en el invierno.

66

Nuestro método es económico

Ahora podemos constatar que la Colmena del Pueblo es económica en el método que se le aplica, y en la construcción de la que hemos hablado anteriormente.

Es económica porque elimina la cera estampada, porque nos ahorra mucho tiempo, porque protege la salud de las abejas.

ELIMINANDO LA CERA ESTAMPADA

La cera estampada es costosa. El tiempo necesario para colocarla también debe ser considerado.

El apicultor debe colocar en cada cuadro de sus colmenas, 4 o 5 ganchos para luego unirlos con un cable de acero. Todo esto, obviamente, es muy pequeño, pero debe mantenerse bien tenso. Para colocar una lámina de cera estampada en el cuadro, el apicultor calienta el alambre lo suficiente como para insertarlo en la lámina de cera, no tanto como para cortarla. Cuando sucede que se corta la lámina de cera, lo que le sucede incluso a los más hábiles, el apicultor incluye sus trozos en la cera para derretir, y comienza la operación con otra lámina de cera estampada. Si el apicultor vela por el vigor de sus abejas, deberá renovar toda la cera de sus colmenas cada tres años, es decir, 1/3 de toda su cera por año.

Es evidente que este trabajo requiere un gasto considerable, y especialmente un gasto significativo de tiempo. Pero debemos reducir el precio de costo de la miel. ¿Qué hacer? Simplemente deje de usar la cera estampada.

Pero los apicultores afirman que el uso de la cera estampada es económico, que garantiza que los panales sean regulares y que elimina las celdas de zángano.

Es cierto que cuando construyen panales fuera de temporada, las abejas hacen un gasto considerable de miel. Aún proporcionándoles cera estampada, el gasto de miel sería de todas formas demasiado elevado para ser factible en un apiario rentable. La cera estampada es una pequeña contribución a la construcción de los panales, y las abejas a menudo la transforman antes de usarla. Ya sea que se utilice cera estampada o no, solo hay un período en que podemos construir panales de abeja, y es el del flujo de néctar. Sin embargo, durante el flujo de néctar la abejas se cansa mientras tenga que consumir más, y se agita si no puede transpirar. Ahora bien, el sudor de la abeja es cera que puede usarse en la construcción de los panales, que se perdería si no hubiera panales para construir.

Así, el agricultor transpira, sin desearlo, durante el duro trabajo de la cosecha, bajo el sol más caluroso del año. Si su salud requiere que transpire en otra época, el mismo deberá obtener su transpiración a partir de bebidas apropiadas y costosas.

Como conclusión a sus experimentos prácticos en apicultura, Georges de Layens escribió: « Il y a avantage, toutes choses égales d'ailleurs, à permettre aux abeilles de construire. » Hay un beneficio, si todas las demás cosas se mantienen iguales, en permitir a las abejas hacer su construcción propia.

Y en apoyo a esta afirmación, cita esta frase del padre Delépine:

"Si se tienen dos colmenas de la misma fuerza, y dos cajas de la misma capacidad; una de las cajas con láminas de cera estampada, y la otra, con panales vaciados en el extractor… ¿cuál de las dos cajas se llenará primero? A priori, parecería que la segunda caja tendrá que ser llenada antes que la primera, ya que las abejas sólo tienen que llenar los panales y opercularlos. Sin embargo, los experimentos que he realizado con el mayor cuidado, me han dado el resultado contrario."

Rara vez se obtienen panales regulares a partir de cera estampada. La lámina de cera estampada, al estar dentro de la colmena, soporta temperaturas desiguales, más cálida en la parte superior, más fría en la parte inferior, antes que haya sido engrosada, fortificada por las abejas. El panal completamente construido por las abejas, por el contrario, es sólo estirado acorde a sus necesidades, y es totalmente cubierto con abejas, de forma que todo está a la misma temperatura. Además, las abejas no estiran un panal sin terminarlo, sin darle su grosor normal: por lo tanto, el panal es más resistente y podría sufrir variaciones de temperatura de ser necesario. Es cierto que la cera estampada pone orden en la colmena y obliga a las abejas a construir en la dirección de los cuadros. Pero obtendremos el mismo resultado, y de forma más económica, con un iniciador ("starter strip") de medio centímetro de cera cruda.

La cera estampada no puede encontrar su razón de ser en la supresión de los zánganos.

La reina (una en cada colmena) sólo se fecunda una vez en su vida, que es de 4 a 5 años de edad. No puede ser que la naturaleza provea miles de zánganos cada año solo para esta fertilización. Los zánganos tienen otra misión útil en la colmena.

En mi infancia, yo nunca había oído hablar de machos, de zánganos. Mi padre, al igual que los vecinos, los llamaba "couveux" ("criadores"). Yo pienso también que la misión ordinaria de los zánganos es calentar la cría mientras las obreras van al campo. Veo su evidencia en los siguientes hechos:

Las obreras no eliminan a los zánganos una vez que la joven reina ha sido fertilizada. Los suprimen cuando el flujo de néctar se termina, cuando ya no necesitan salir.

Los zánganos, aparte de la fertilización de la reina, salen de la colmena sólo cuando la temperatura es muy alta, en las horas más calurosas del día, es decir, cuando la cría no necesita ser calentada.

Siempre he notado que las colmenas más productivas tienen muchos zánganos.

Por lo tanto, no soy de la opinión de que haya que reducir el número de zánganos.

En cualquier caso, la cera estampada no los elimina. Las obreras encuentran la manera de proporcionar a la reina el número de zánganos que ella desea. Construyen sus celdas en las esquinas de los cuadros. Si es necesario, agrandan las celdas de obrera para transformarlas en celdas de zángano. Y esto en medio de la lámina de cera estampada. Por otra parte, la reina a veces pone huevos de obrera en celdas de zángano.

Simplificando la inspección de primavera

Los libros de texto de apicultura recomiendan realizar la inspección de primavera por cuatro razones:

1 -Para verificar si la reina está presente
2 - Para comprobar el estado de las provisiones
3 - Para limpiar los cuadros
4 - Para iniciar la renovación de los panales

La presencia de la reina se puede determinar sin abrir la colmena. No hay duda de que existe la reina si las obreras están trayendo polen, si van y vienen sin mostrar ninguna preocupación, es decir, no parecen estar buscando un tesoro perdido, su reina.

Los alimentos sin duda serán suficientes si se han guardado en otoño como se ha recomendado.

Pero en las colmenas modernas no se puede prescindir del proceso de limpieza de los cuadros. Para esto, éstos deben ser retirados uno por uno, y la madera raspada en todas las superficies para eliminar el propóleos. Si lo anterior no se realiza cada año, se vuelve imposible sacarlos sin dañarlos y sin aplastar a muchas abejas.

Los panales tienen que ser renovados cada 3 años, como máximo 4. De lo contrario, los capullos que las abejas dejan cuando eclosionan, reducen el volumen de dichas celdas. Las abejas que posteriormente surgen de estas celdas no se pueden desarrollar plenamente. Son abejas atrofiadas que no pueden hacer una gran parte del trabajo, y que, por el contrario, son muy propensas a contraer cualquier enfermedad que amenace a su colonia.

En las diferentes operaciones realizadas en el año, no siempre fue posible colocar los cuadros viejos en los extremos de la colmena. Se ha evitado debido a la presencia de miel y de crías, porque la miel siempre debe estar encima o a un lado de la cría, y ésta debe estar siempre agrupada. Por lo tanto, a menudo ocurrirá que en la primavera tendremos que mover los cuadros viejos antes de poder eliminarlos. Será una nueva complicación de la visita de primavera.

Durante esta operación, la reina puede ser aplastada entre los bordes de los marcos y las paredes de la colmena. También sucede que al colocar el cuadro que lleva a la reina en la colmena, las abejas, felices de reencontrar a su reina que había estado ausente por un momento, la rodean, la sofocan y con frecuencia la asfixian. Tres cuartas partes de las colmenas que se tornan huérfanas en la primavera, lo hacen como consecuencia de manipulaciones en dichas colmenas.

En cualquier caso, la limpieza de los cuadros y la eliminación de los cuadros viejos se realizarán en la primavera, en nuestra región en abril, porque en ese momento no nos molestarán las crías, que aún no estarán muy desarrolladas.

Sin embargo, en abril, la temperatura no es alta. Además, es obvio que el trabajo de esa visita de primavera demandará algún tiempo. Por lo tanto, no dudo en decir que un solo hombre no encontrará en abril suficientes días soleados cada año para realizar esta visita, de 11 am a 2 pm, en cincuenta colmenas.

Para evitar esta visita de primavera, hemos formado nuestra Colmena del Pueblo de cajas superpuestas, que agrandamos desde la parte inferior y cosechamos en la parte superior. Todas las cajas pasan por nuestras manos, una tras otra, cada tres o cuatro años. Aprovechamos la oportunidad para limpiar y reemplazar los panales, cuando tengamos tiempo, en el invierno, en nuestro laboratorio.

En primavera, solo tendremos que limpiar el piso, pero sin abrir la colmena, sin tener que cuidarnos de la temperatura exterior, sin tener cuidado de no aplastar la reina. Podremos hacer este trabajo a cualquier temperatura y en cualquier momento del día.

SIMPLIFICANDO LA AMPLIACIÓN DE UNA COLMENA

Si bien la abeja prospera mejor en una pequeña colmena en invierno y primavera, en verano necesitará mucho espacio. Pero si la ampliación se realiza antes de tiempo, hay un enfriamiento considerable de la colmena y se detiene la postura. Por otro lado, si la ampliación se realiza demasiado tarde, las abejas se han preparado para enjambrar y nada evitará que salga el enjambre. Éste puede perderse; en cualquiera de los casos, la cosecha de miel se verá comprometida.

Los buenos libros de texto han brindado este sabio consejo:

En primer lugar, agregue una caja cuando todos los cuadros de la cámara de cría están ocupados por abejas, excepto dos cuadros extremos, uno en cada extremo o los dos en un extremo.

La segunda caja se agrega cuando la primera está llena de miel.

Este consejo no evita, sin embargo, ni el enfriamiento de la cámara de cría cada vez que se agrega una caja, ni un trabajo considerable para el apicultor. Tendrá que abrir las colmenas para verificar la ubicación de los cuadros, y, a menudo, varias veces, porque no todas las colmenas del apiario están en la misma situación. Tendrá que ejercer la misma supervisión en las primeras cajas agregadas. Éstas son las múltiples causas de enfriamiento de la cámara de cría, irritación de las abejas y exceso de trabajo para el apicultor.

De Layens y el abad Voirnot se propusieron solucionar estos problemas.

El abad Voirnot no agregó cajas de altura superior a 10 cm. De esta forma, el enfriamiento de la colmena es menos considerable cuando dichas cajas son agregadas. Pero entonces el apicultor sólo tendrá que realizar más inspecciones para decidir cuándo deberían agregarse más cajas.

De Layens suprimió el agregado de cajas por encima, y le dió más cuadros a la cámara de cría, al menos 18, en lugar de 9. En teoría, las abejas ocuparían todos esos cuadros cuando los necesiten.

En la colmena Layens, la parte ocupada por la cría no pierde su calor en forma brutal, sino que lo pierde en forma gradual y continua. El inconveniente es solo disminuido.

El trabajo del apicultor, por el contrario, se incrementa. Las abejas colocan la miel encima de la cámara de cría y un poco en sus costados. Como no hay cajas sobre la colmena Layens, la abejas colocarán más miel en los costados. Pero las abejas no pasan por encima de la miel para buscar un lugar para la cría o la miel nueva. Ellas prefieren enjambrar. En la colmena Layens, las abejas quedan confinadas entre dos cuadros de miel, y entonces enjambran, como si se quedaran sin espacio, pero habiendo muchos cuadros vacios hacia afuera de dichos dos cuadros de miel. El apicultor sin duda puede remediar este defecto. Si aleja dichos cuadros con miel de los cuadros de cría, y los reemplaza por cuadros vacíos, la abeja no enjambrará, al menos debido a la falta de espacio. Pero en estas condiciones el problema se agrava, y es mejor si se agregan cajas verticalmente a la colmena, tanto para el apicultor como para las abejas.

Con la Colmena del Pueblo, ya que podemos ampliar desde abajo, podemos hacerlo muy pronto, todas las cajas en una vez, con tantas cajas como lo requiera la fortaleza de la colonia. Evitaremos el enjambre por falta de espacio, no tenemos que tenerle miedo al enfriamiento de la colmena o la irritación de las abejas, y nos evitamos muchos problemas. Cuando realizamos la expansión en abril, en las vacaciones de Semana Santa, si estas fechas nos convienen, dejamos tranquilas a las abejas trabajando y solo tenemos que retornar a cosechar en agosto, en las otras vacaciones.

Esta ampliación desde la parte inferior también es real y le deja a las abejas disponibilidad de espacio siempre libre. En la Colmena del Pueblo, como en todas las colmenas, las abejas primero depositan la miel en la entrada para ahorrar tiempo, pero la primera noche la trasladan a su lugar definitivo, arriba y a los costados de la cría. La causa principal de enjambrazón, la falta de espacio, efectivamente se elimina con nuestro método.

Se puede objetar que con este método la miel se cosechará de panales que han contenido cría, y que siempre contienen polen: su calidad será inferior. Sin embargo, en la Colmena del Pueblo, la mayor parte del polen desaparece al no haber cría. Queda muy poco, como ocurre en todos los diseños de colmenas, incluso en las cajas donde no hay cría.

En cuanto a los panales que han contenido cría, modifican el sabor y el color de la miel sólo si son negros y esponjosos, porque allí se ha desarrollado una fermentación. Sin embargo, con nuestro método, estos panales no existirán: se reemplazarán con toda facilidad tan pronto como sean de color marrón claro ("blond foncé", similar al color de las nueces, Tr.).

En las otras colmenas, la miel se deposita primero en los cuadros inferiores, por lo tanto, en cuadros que han contenido cría. Sin embargo, no es raro que estos panales sean negros, por lo que pueden cambiar el color y el sabor de la la miel, ya que en estas colmenas, la sustitución de los cuadros viejos es difícil y es frecuente que el apicultor no la lleve a cabo.

También se puede objetar que en la Colmena del Pueblo se mezclan las mieles de las diferentes estaciones del año.

Pero hemos afirmado en otro capítulo que solo las mieles multiflorales son saludables y recomendables. Además, en realidad, las diversas mieles solo se mezclan con la extracción. En la colmena se hayan separadas, desde la parte superior a la inferior, superpuestas en capas proporcionales a las contribuciones de las diferentes estaciones. Si el apicultor se interesa por los gustos de sus clientes, nada le impide extraer de vez en cuando una caja o incluso unos pocos panales.

Además, debe señalarse que la miel de fin de temporada, generalmente la más oscura, se colocará en la base de las provisiones, es decir, inmediatamente por encima del nido de abejas. Será ésta la miel que las abejas consumirán primero, y la que les quedará para ellas durante el invierno.

SIMPLIFICACIÓN DE LA COSECHA

En nuestra colmena, como en otras, hay que destapar la colmena; se puede desplazar a las abejas con el humo; se puede quitar una caja completa o los panales por separado.

Es solamente en la administración de las provisiones para el invierno que existe una diferencia entre nuestro método y los de otras colmenas, diferencia que es favorable para nuestros intereses.

En las otras colmenas, es absolutamente necesario quitar los cuadros de la cámara de cría, ya sea porque la colmena tenga demasiada miel o porque ésta no sea suficiente.

Si hay demasiada miel, se puede detener el desarrollo de la cría en la primavera por falta de espacio, y la invernada no será tan buena. Las abejas siempre se colocan debajo de la miel. Cuanta más miel haya sobre su nido, más necesitarán calentar volumen vacío e inservible. Con nuestro método, podemos prescindir de la eliminación de suministros en exceso, ya que éstos serán mínimos. En una caja de la Colmena del Pueblo hay 4800 cm2 de panales. Debemos dejarle 3600 cm2 de panales llenos de miel. La diferencia de 1200 cm2 de panales, siempre que haya cría, se reducirá a 300 a 600 cm2 como máximo, es decir, 1 o 2 kg de miel. Este excedente se puede dejar sin inconvenientes.

Si no hay suficiente miel, en las colmenas comunes ésta deberá administrarse, preferiblemente en cuadros, porque en estas colmenas la alimentación es más difícil y menos racional que en la Colmena del Pueblo. Consecuencias: pérdida de tiempo, enfriamiento de la cámara de cría, descontento de las abejas. En la Colmena del Pueblo, podemos prescindir también de tocar los panales de la cámara de cría, y éste es el consejo que damos. Basta con colocar debajo de la cámara de cría sin abrir, una caja donde se ha instalado el alimentador. Este trabajo es muy simple. Nuestros lectores comprenderán después de estas reflexiones por qué damos tanta importancia a las dimensiones de la caja, cuerpo de colmena. Para respetar los instintos de las abejas debemos aumentar su volumen y su altura; pero para disminuir el trabajo y la preocupación al apicultor, debemos disminuirlos. Fue solo luego de un prolongado experimento de ensayo y error que encontramos el promedio correcto.

SIMPLIFICANDO EL TRASIEGO

Nuestro método de trasiego de una colonia difiere de otros en un punto principal: la destrucción de la cría.

La cría es inútil durante el flujo de miel, porque llegará demasiado tarde. Las abejas, además, tendrán tiempo de atender otras crías después de la mielada. Visto de otra manera, comenzarán a desarrollar esta nueva cría el mismo día de la destrucción de la cría vieja.

Esta cría es incluso perniciosa durante el flujo de néctar, porque mantiene en la colmena a miles de abejas que podrían estar pecoreando en los campos. Es debido a esto que eminentes apicultores han tratado de detener o reducir el desarrollo de la cría durante el flujo de néctar, incluso en colonias ya establecidas.

Lo principal al establecer una colonia es proporcionar alimentos y panales. Por lo tanto, es racional eliminar los obstáculos que puedan impedir que se logre este objetivo. Y la cría es el principal de los obstáculos.

Esta cría es una necesidad, pero secundaria de momento; y las abejas, podemos estar seguros, no se olvidarán de producir cría ya sea durante la mielada o después, siempre de acuerdo a su riqueza en miel y panales disponibles.

SIMPLIFICANDO LA ENJAMBRAZÓN ARTIFICIAL

Mi método de enjambrazón artificial (de producir núcleos) es diferente de otros en lo siguiente:

Le ahorra al apicultor la molestia de buscar a la reina y mover los panales. Este trabajo es siempre difícil y riesgoso. Difícil, porque para cualquier apicultor hallar a la reina es como encontrar una aguja en un pajar. Riesgoso, porque al maniobrar con los panales se puede aplastar a la reina. En cualquier caso, a menudo aplastamos abejas, lo que irrita a toda la colonia.

En este caso, como siempre, mi objetivo es ahorrar tiempo, energía y miel, y respetar la dinámica de las abejas. También deseamos por este método que un principiante sea capaz de realizar este trabajo tan rápido como un apicultor experimentado, no siendo necesario reconocer a la reina.

SIMPLIFICANDO LA BÚSQUEDA DE LA REINA

No aconsejo buscar a la reina, ni siquiera para renovar la genética del colmenar. Se tiene una oportunidad fácil de introducir una reina de afuera cuando se hace un enjambre artificial (cuando se hace un núcleo).

Pero puede pasar que estemos años sin hacer enjambres artificiales. Ya establecimos la manera fácil, rápida y segura de encontrar a la reina.

Es obvio que este método se puede aplicar solo en colmenas con cajas similares a las de la Colmena del Pueblo.

CELDAS MÁS GRANDES

Antes dijimos que las abejas dejan en la celda de donde nacen una tela que,por multiplicación, disminuye el volumen de dicha celda. Las abejas que nacen allí son necesariamente más pequeñas, atrofiadas, menos aptas para trabajar, más propensas a contraer enfermedades o contagiarse en epidemias de su especie.

Sin embargo, la metodología utilizada en la Colmena del Pueblo permite la renovación frecuente y fácil de todos los panales, al menos cada tres años. Con este método, no hay células pequeñas.

El volumen y el peso de las abejas tienen otra importancia. Le permiten recolectar polen y néctar en más flores. La boca de dragón o boca de sapo, por ejemplo, es una flor cerrada para muchos insectos. Los abejorros, por su peso, logran abrir esta flor colocándose en su labio inferior. Las abejas también lo logran cuando sus cuerpos están suficientemente cargados de polen. Su peso personal influye, pues, en esta circunstancia.

INSPECCIONES MENOS FRECUENTES

Cada vez que abrimos una colmena, incluso en los días más calurosos, enfriamos el interior de la colmena. Y este enfriamiento es tanto más considerable cuando la inspección de la colmena dure más tiempo, y la temperatura ambiente sea más baja. Este enfriamiento que disgusta a las abejas y tiende a ponerlas más irascibles, las obliga a calentar el interior de su colmena más rápidamente. La consecuencia es obvia: pérdida de miel para el apicultor, y para las abejas, exceso de trabajo no previsto por la naturaleza, y fatiga innecesaria.

Estoy convencido de que estas visitas también debilitan a las abejas, las llevan a la degeneración, y las hacen más propensas a contraer enfermedades, que no son nuevas, pero sí más frecuentes desde la nueva "moda" de colmenas con cuadros y sus métodos.

Y es obvio que nuestro método evita muchas visitas.

67

El Movilismo es Difícil

El abad Colin escribió: "El manejo de la colmena de cuadros, según el testimonio de sus partidarios, requiere una inteligencia superior: un conocimiento profundo de las abejas, una gran habilidad manual; añadiré: una gran paciencia. Todos los apicultores tienen inteligencia superior, estoy de acuerdo completamente en este punto; ¿pero todos tienen la paciencia del buey y la mano del gato?"

Berclepsch llega tan lejos como para afirmar que de 50 apicultores, apenas hay uno con las condiciones necesarias para manejar una colmena con cuadros.

Estoy totalmente de acuerdo con el Sr. Hamet cuando él afirma: "Con casi todos los productores de miel quienes abastecen la demanda, quienes realizan una apicultura lógica y económica, quienes producen al más bajo costo, somos de la escuela de los panales fijos; con los amateur, los autodidactas, los que se entretienen y se divierten, estamos con la escuela del movilismo o apicultura con cuadros."

68

El Movilismo
no Existe en la
Apicultura

Las colmenas con cuadros son realmente móviles solo cuando salen del taller de carpintería.

En un corto tiempo aparecen adhesiones de cuadro a cuadro, y entre los cuadros y las paredes de las cajas. Las abejas ponen allí propóleo, que, poco a poco, se va engrosando.

No dudo en afirmar que las colmenas con cuadros se alejan del movilismo más que las de panales fijos. En cualquier caso, es mucho más fácil eliminar las adhesiones en las colmenas con listones porta-panales que en las de cuadros. Los panales de cera se cortan con una cuchilla. En cambio, el propóleo resiste más, y a menudo la cuchilla no puede avanzar entre dos maderas.

Se ha objetado que en la Colmena del Pueblo con panales fijos, es posible que se adhieran panales de cajas superpuestas; las abejas tiendena extender el panal superior al inferior.

En la colmena Palteau, de la que hablaremos, se provocan realmente estas adhesiones. En este caso, se hace necesario pasar un cable para cortar estas adhesiones cuando se desea sacar una caja. Este trabajo puede, por supuesto, causar el aplastamiento de la reina (gran inconveniente), la muerte de varias abejas (de ahí, la irritación de otras abejas), que aparezcan trozos de miel, y, por tanto, se produzca el pillaje.

Sin embargo, no tenemos esta desventaja en la Colmena del Pueblo de panales fijos. Si, como recomendamos, los listones porta-panales se colocan de manera uniforme en una misma posición vertical, si la colmena se mantiene vertical, las abejas no pueden unir los panales de una caja con los panales de la caja inmediatamente inferior. Para construir un panal, las abejas descansan sobre sus espaldas, debajo del panal. Cuando llegan a estar a 4 mm de los listones porta-panales dela caja inferior, deben detenerse. Cuatro milímetros es, de hecho, la medida del grosor del cuerpo de una abeja.

Las abejas pueden, de hecho, poner propóleo sobre los listones y llenar el espacio que los separa del panal superior.

En este caso no existiría nunca una adhesión entre el propóleo y la cera de los panales que sea tan fuerte como la que hay entre el propóleo y la madera, como ocurre entre los cuadros y las paredes de la colmena.

Además, en la Colmena del Pueblo, las abejas nunca tendrán tiempo de llenar este vacío, ya que cada caja se recolecta, se vacía y se limpia cada dos o tres años.

Como recomendamos, cada vez que se descubre una caja, se pasa la palanca sobre los listones porta-panales y el borde superior de las paredes. La parte superior de los listones nunca está cubierta por mucho tiempo con propóleo, y éste no es suficiente como para alcanzar el panal superior.

Es cierto que recomendamos esta limpieza también para facilitar la colocación de la caja mediante desplazamiento horizontal. Porque dicha forma de colocación es mucho mejor que su instalación vertical.

69

El Fracaso de
la Apicultura
Moderna

Durante los últimos cincuenta años, a los apicultores se les ha ofrecido solamente la colmena de cuadros. Libro abierto, se dice; en cualquier caso, libro que puede abrirse a voluntad. No más misterios en la vida de la abeja, no más obstáculos para ayudarla y dirigirla en su trabajo. Como consecuencia, más beneficios en la práctica de la apicultura.

Y muchas compañías fueron fundadas para suministrar estas colmenas y sus mútiples accesorios. Y cada año se ofrecen a los apicultores nuevos modelos que se dice que son más productivos, nuevos productos creados por carpinteros, hay que reconocerlo, que son expertos.

Y se publican varias revistas de apicutura, cuyos artículos deberían haber permitido al lector distinguir lo verdadero de lo falso.

Sin embargo, en cincuenta años de práctica apícola en apiarios importantes y observaciones de mis diversos contactos, he podido observar que ninguna explotación apícola moderna ha podido perserverar, que las enfermedades están apareciendo cada vez más en los apiarios, que la miel es difícil de vender (en tiempos normales, por supuesto).

Ninguna explotación apícola moderna puede ser sustentable

Conozco todavía muchos apiarios de diversa importancia donde las viejas colmenas rústicas de diferentes formas han sido explotadas por varias generaciones. Conozco los beneficios de algunos de estos apiarios. Y estas ganancias superan con creces a las de las mejores industrias.

Por el contrario, puedo afirmar que ningún negocio apícola moderno ha podido perseverar. Su dueño se vio obligado a abandonar esta operación porque no le brindaba su sustento. O agregó en la misma finca cualquier oficio: confitería, hidromiel, encáustica, pulido, artículos apícolas, etc. En este caso, el apiario se convierte en un anuncio comercial...

Solo aquellos que disponen de horas libres y tienen su pan asegurado por otras fuentes, pueden explotar las colmenas modernas, ya sea como maestros, sacerdotes o diferentes burócratas. Es debido a esto que muchos apicultores interesados en sí mismos han considerado prohibir la práctica de la apicultura a todos los burócratas.

Las enfermedades se desarrollan cada vez más en los apiarios modernos

Yo deseo que la colmena sea como un libro, pero opino que casi siempre debe estar cerrado. Las abejas aman la soledad. Por lo tanto la apertura de la colmena molesta a las abejas; también las obliga a seguir trabajando en exceso para calentar la cámara de cría. Los métodos modernos de los que hablo en mi libro, todavía obligan a las abejas a un trabajo excesivo y pernicioso. El exceso de trabajo conduce al debilitamiento, y el debilitamiento hace que sea más probable que se contraigan las enfermedades, tanto las abejas como los hombres.

La cría de reinas, llamada "cría artificial", también es una causa de debilitamiento. También lo hemos hablado en nuestro libro.

Así, las enfermedades se están desarrollando cada vez más en los apiarios modernos, especialmente la loque, la terrible loque.

En vano pediremos asesoramiento a veterinarios eminentes, remedios, químicos, opiniones y sacrificios a los apicultores. Agredir los instintos de las abejas es la causa que debe ser eliminada. Dejemos de comprender mal sus necesidades, busquemos abejas sanas en las colmenas rústicas, y, sobre todo, no las alimentemos con azúcar.

El escritor Caillas condena a la Colmena del Pueblo porque prohíbe casi absolutamente la implementación que dice son el futuro de nuestra apicultura.

Pero puede afirmar sin vacilar que los métodos modernos llevan a nuestra apicultura a la destrucción, y que solo las colmenas rústicas y las Colmenas del Pueblo la salvarán.

LA MIEL ES MUY DIFÍCIL DE VENDER

La miel es muy difícil de vender. Es el único azúcar saludable; eso se comprende. Pero el azúcar de remolacha es tan fácil de usar que la prefieren las amas de casa ignorantes o perezosas; es tan barato que también tiene la preferencia de todos los pobres, ancianos y jóvenes.

¿Qué hacer? Producir miel a bajo costo para poder venderla al precio del azúcar de remolacha obteniendo un beneficio razonable. En estas condiciones, la miel encontraría como clientes a todos los sabios de la humanidad.

¿Podemos lograr este resultado? Sí, lo afirmo. Pero con la condición de realizar apicultura con colmenas más baratas, métodos que economicen   tiempo al apicultor y respetuosos de las necesidades de las abejas.

¿Podemos lograr este resultado? Sí, lo afirmo. Pero con la condición de apicultura con colmenas menos caras y de acuerdo con un método más económico de la época del apicultor y más respetuoso con las necesidades de la abeja.

70

La Colmena del Pueblo no es una Revolución Apícola

Después de las primeras ediciones de este manual, me han dicho: "la Colmena del Pueblo no es una innovación, es una verdadera revolución apícola."

No es así. Para crear la Colmena del Pueblo, me inspiré en la colmena donde han vivido las abejas durante siglos. También me inspiró la colmena más natural, sin duda la más antigua, la del árbol hueco. Para crear la Colmena del Pueblo también observé a la colmena Dadant y sus antagonistas: la colmena Sagot, la Voirnot, y la de Layens.

Además, cuando publiqué una revista mensual, sus suscriptores me señalaron otras dos colmenas: la Piramidal y la Palteau.

LA COLMENA PIRAMIDAL

A continuación se muestran fragmentos de un libro de la Biblioteca Nacional:

"la colmena piramidal, un método simple y natural para perpetuar todas las poblaciones de abejas y obtener de cada colonia y de cada otoño de cosecha una canasta llena de cera y miel, sin contaminantes, sin cría, además de obtener varios enjambres" - por C.Decouédic, presidente del cantón de Maure, departamento de Ille-et-Vilaine, segunda edición - Sra. Vve Courrier, editora, imprenta, librería para Ciencia, Quai des Augustins, Nro. 57. París, 1813.

348

LA
COLMENA
DEL PUEBLO
NO ES UNA
REVOLUCIÓN
APÍCOLA

Sobre la invención de la Colmena Piramidal:

La abeja en su estado salvaje ejecuta su trabajo de arriba hacia abajo, nunca de abajo hacia arriba, siempre y cuando exista un vacío en el interior.

Cuando descienden,abandonan sus más tempranas construcciones por encima de sus recientes obras, en las que la reina madre, que también descendió, deposita su nueva camada bajo la protección de todas las obreras. Al segundo año ya no hay en los panales superiores ni abejas ni crías; están completamente llenos de miel.

Esa es la manera en que actúan las abejas en la naturaleza. No es difícil aplicar este arte a la disposición y uso de tres cajas colocadas en cada primavera, una debajo de otra, para formar la colmena piramidal, cuya caja superior, sin abejas ni crías, y llena de miel, está siempre disponible para el apicultor en forma continua. Es suficiente que cada primavera se coloque una caja bajo la otra, ya que las abejas bajarán cuando la de arriba esté llena; en la segunda primavera habrá tres cajas, una encima de otra, y en el otoño siguiente, se retira la caja superior. Esta caja será colocada en la siguiente primavera debajo de las dos cajas que quedan en otoño e invierno, y, una vez más, se sacará la caja de arriba en el siguiente otoño… y así sucesivamente.

La colmena Piramidal tiene 9, 10 u 11 pulgadas de diámetro y 27,3 a 33 pulgadas de altura en total; un volumen máximo de 20,5 litros en cada caja.

LA COLMENA PALTEAU

Otro trabajo fue publicado en Metz, por Joseph Collignon, en 1756, bajo el título "Nueva construcción de colmenas de madera, incluyendo el método para manejar a las abejas, inventada por M. Palteau, Primer Empleado de la Oficina de Suministros Generales de Metz."

A continuación se detallan los puntos principales por los cuales este tipo de colmena es semejante a la Colmena del Pueblo:

Una colmena se compone de varias cajas, todas del mismo tamaño, intercambiables y cuadradas. "Así puedo", dice el autor, "ajustar el tamaño de mis colmenas a todos los enjambres que se presenten: una caja o dos, más o menos, permite lograr la colmena que he elegido, un hogar muy adecuado para la colonia que tiene que vivir en él". "Esto también evita", él escribe, " tener todos los tipos de colmenas con diferentes tamaños para recibir diferentes enjambres". Una colmena es "una caja que tiene un pie cuadrado, de más de tres pulgadas de altura, incluído el fondo que debería tener tres lignes de espesor. En el medio del fondo (que es en realidad el techo) hay una abertura de 7 1/2 pulgadas cuadradas. El resto de fondo está perforado con pequeños orificios. Los agujeros son para ahorrarles tiempo a las abejas en hacer inútiles circuitos al pasar de una caja a otra."

Es en este techo donde las abejas conectan sus panales, como lo hacen

actualmente a los listones que parecen haber sido introducidos por Della Rocca. La abertura cuadrada del techo permite a las abejas continuar el panal del medio sin parar evitando una interrupción, y facilita el movimiento de la reina de una caja a otra. Par cortar los panales ininterrumpidos, el autor utilizaun alambre de acero que pasa entre las cajas como el alambre que se utiliza para cortar queso. Cada caja tiene "su orificio particular, que sirve de entrada a las abejas. Cuando muchas cajas son superpuestas, solamente la entrada de la caja inferior se mantiene abierta". Actualmente, no hay necesidad de preocuparse de este importante detalle, gracias al sistema de entrada en el piso de la colmena.

El conjunto se coloca sobre una placa formando el piso; luego es cubierto con

un sobretecho que hace una doble pared. Este método de manejar abejas es diferente en que su ampliación y alimentación es desde abajo, lo que evita enfriamiento. La cosecha se realiza desde arriba. El autor ahúma a las abejas para hacerlas desplazarse hacia las cajas de abajo. En la página 32 él escribe: "Las obligo a moverse hacia abajo hacia de las cajas inferiores y, de esa forma, dejarme en libertad de trabajar en paz. Más aún, estoy seguro de obtener la mejor miel porque está siempre en la parte de arriba de la colmena, dejándole a ellas solo la de mediana calidad que es suficiente para ellas pasar el invierno. Ya no me preocupa tocar la cría y desarmarla, porque la colocan en el centro y en la parte inferior de la colmena."

Vean aquí, queridos lectores, colmenas razonables, prácticas. No son perfectas. Pero sus errores son ínfimos. Hubiera sido un juego solucionarlos para eminentes apicultores como Layens, y los monjes Voirnot y Sagot. Si estos maestros se hubieran dedicado a perfeccionar nuestras viejas colmenas francesas, en lugar de luchar contra la colmena Dadant, es probable que se hubiera llegado a la Colmena del Pueblo como está establecida actualmente.

Yo habría ahorrado 20 años de investigación, trabajo y gastos. Porque, de hecho, la Colmena del Pueblo ha surgido de las colmenas de Layens y Voirnot; no obstante, también es cierto que la Colmena del Pueblo tiene los mismos principios que las colmenas Decouédic y Palteau.

De Layens pensó que nuestros modernos métodos apícolas demandan demasiado tiempo y gastos al apicultor. Los monjes Voirnot y Sagot consideraron a dichos métodos contrarios a las necesidades e instintos de las abejas. Nuestros propios estudios nos condujeron a las mismas convicciones.

De Layens y los abades Sagot y Voirnot deben haber conocido a las colmenas Decouédic y Palteau. Esas colmenas no debieron ser olvidadas en su tiempo como la mía. Creyeron que no era necesario tomarlas en cuenta.

Fascinados por las ventajas indiscutibles del extractor y creyendo que el cuadro era necesario para su trabajo, solo se ocuparon de la sección del cuadro. No tuvieron tiempo de reconocer su error y comenzar nuevos experimentos.

Posterior a ellos, aproveché su trabajo y sus errores. Por lo tanto, fue de otra manera que perseguí el mismo objetivo. Creo que lo he alcanzado.

De Layens y los abades Sagot y Voirnot tienen todo el derecho de ser reconocidos por todos los apicultores, en particular por mí. Fue su trabajo el que yo continué al publicar este libro.

¿Voy a ser escuchado? Con seguridad no.

Anatole France escribió: "Si intentas instruir a tu lector, solo lo humillarás y enfadarás." Se equivocó al generalizar. Hay hombres que son más inteligentes que orgullosos. Es a ellos a quienes me dirijo.

En cualquier caso, tengo la satisfacción de poder decir al final de mis días: trabajé por el retorno a la tierra. Porque soy hijo de un terrateniente y discípulo del gran Sully.

Los poetas han dicho: LLegar a viejo es sobrevivir a los amigos. LLegar a viejo es sobrevivir a árboles que han sido plantados. LLegar a viejo es sobrevivir a las ilusiones. ¡ Es cierto !. Pero llegar a viejo también es disfrutar de alguna experiencia. LLegar a viejo también suele alcanzar un objetivo perseguido durante mucho tiempo. Vivir la vejez también a veces es útil por más tiempo. ¡ Dulce vejez !

71

La Apicultura
Intensiva

En la apicultura, como en muchas áreas de la producción, es una lucha por millones. Quiero decirles a mis lectores que esta carrera por millones es una carrera hacia la muerte.

Yo era joven. Pensé que haría cría artificial de reinas. Pero después me di cuenta de que, además de buenas reinas, proporcionaba también reinas mediocres o inferiores. Abandoné esta actividad porque pretendo ser honesto.

Practiqué un método donde las colonias trabajaban juntas (Capucine d´Angers). Mucho dinero, mucho trabajo, numerosas colonias huérfanas, resultados aleatorios, en cualquier caso siempre insuficientes. Abandoné este método del que no hablamos por un largo tiempo.

Los métodos modernos tan intensivos no me tientan: estimulando la nutrición, excluidores de reina, el calentamiento de la colmena, la superposición de colonias, etc. Solamente los trato aquí porque lo que es obvio para cualquier apicultor experimentado.

EL EXCESO DE TRABAJO DESTRUYE LA RAZA

He visto investigaciones sobre sobreproducción en aves de corral, por ejemplo. Se han obtenido ejemplares de gran productividad. Pero por otro lado aparecen pestes, enfermedades, mortandades previamente desconocidas. Como resultado, la producción total está bastante disminuída, y la raza es destruida. En mi opinión, estamos en el proceso de cometer los mismos errores en la apicultura. Ya se puede observar el continuo avance que ha tenido la loque. La raza debilitada ya no tiene la fuerza para aniquilar los microbios con que se encuentra.

Conocí gallineros donde se practicaba la producción intensiva de huevos. La producción apareció maravillosa de noviembre a febrero. En marzo, la postura se detuvo y todas las gallinas hubieran muerto si no se vendieran para la comida. Para repoblar el gallinero, fue necesario recurrir a otras fincas.

Es debido a esto que estoy convencido de que los métodos apícolas intensivos modernos llevarán al éxito a la colmena rústica y a la Colmena del Pueblo, que son las que mantendrán la raza.

Los cambios de temperatura a menudo enfriarán a las colmenas, y obligarán a las abejas a trabajar demasiado para restablecer la temperatura normal. La frecuente apertura de las colmenas las obligará a un nuevo exceso de trabajo. Pero el trabajo excesivo debilita las razas.

Finalmente, la cría artificial que se practica en estos métodos solo dará reinas mediocres o inferiores. Otra vez el stock se verá perjudicado.

Como resultado, solo seremos capaces de mantener abejas débiles, malas trabajadoras, vulnerables a las enfermedades, especialmente a la loque.

EL BENEFICIO DE LOS MÉTODOS INTENSIVOS ES INCIERTO

El propósito de estos métodos es obtener grandes poblaciones de abejas en el momento del flujo de miel. Esta es obviamente la manera de obtener cosechas abundantes.

Pero la fecha de la mielada no puede planearse con un mes de antelación. La temperatura puede adelantar o retrasar el flujo de néctar en ocho días; de ahí, una diferencia de quince días. Por lo tanto, a veces llegaremos demasiado pronto, otras veces demasiado tarde: será trabajo inútil, si llegamos demasiado tarde; trabajo costoso si llegamos demasiado temprano, porque será necesario alimentar abundantemente a estas fabulosas colonias.

LA PRÁCTICA DE MÉTODOS INTENSIVOS ES PELIGROSA

La superposición de colmenas es incluso más perjudicial que otros métodos intensivos.

|En primavera solemos tener considerables descensos de temperatura. Las colonias que están debajo sufren más, resultando en muerte de la cría y todas sus consecuencias.

LA PRÁCTICA DE MÉTODOS INTENSIVOS ES MUY COSTOSA

Practicar estos métodos requiere colmenas de fabricación especial muy cara. En cualquier caso, es necesario utilizar también un cierto número de rejillas especiales también de fabricación costosa. De donde una mayor inversión inicial disminuye el rendimiento real del método.

Además, para maniobrar estas colmenas a diferentes alturas, el apicultor debe ser muy "portero de mercado", o disponer de auxiliares valientes, acostumbrados a las abejas. No debemos olvidar que el propóleo, el pegamento más pegajoso, siempre complicará este trabajo. De ahí, una nueva fuente de gastos.

LA PRÁCTICA DE MÉTODOS INTENSIVOS DEMANDA MUCHO TIEMPO

La práctica de todos estos métodos requiere mucho trabajo. La superposición de colmenas requiere incluso un trabajo tan absorbente que el apicultor no puede ejercer ninguna otra ocupación. Este no es el caso para la mayoría de los apicultores, para quienes la apicultura representa un trabajo extra.

Cabe señalar que la práctica de métodos intensivos irrita a las abejas y las hace a veces intratables, independientemente de su raza, ya que las frecuentes aperturas de las colmenas y el enfriamiento de la cría necesariamente provoca descontento en las abejas.

Sin temor a equivocarme, afirmo que el trabajo requerido por un grupo de cuatro colmenas, realizado de manera intensiva, corresponde con el trabajo de mantener un apiario entero de Colmenas del Pueblo. Pero este apiario daría más miel, con menos problemas, especialmente si practicáramos nuestro método heroico, un método sin riesgo, que no sobrecarga a las abejas. Se elimina un trabajo momentáneamente inútil (cuidado de las crías) por un trabajo útil (cosecha de miel).

356

72

Apicultura pastoral

La apicultura pastoril es una forma seria de aumentar la producción. Con esta práctica, a las abejas se les da la oportunidad de disfrutar de visitas sucesivas a varias plantas: colza, sainfoin temprano, tilos, acacias, sainfoin tardío, trigo sarraceno, brezo, etc.

La única dificultad es el transporte de colmenas en el momento en que estas plantas están en flor: la Colmena del Pueblo es particularmente adecuada para esta práctica. Coloque las colmenas en un remolque, en dos líneas, las piqueras hacia el exterior. Se puede diseñar un pasaje entre las dos líneas de colmenas. En este caso, sería necesario para el remolque un ancho de 1,60 m.

Creo que sería mejor dar a las colmenas todas las cajas que puedan necesitar, y esto antes de partir. En este caso, el pasaje se eliminaría y el ancho de 1 m sería suficiente para el remolque.

Además, la longitud del remolque será tal que dejará para cada colmena un espacio máximo de 60 cm. Sería conveniente que el piso del remoque tenga algunos agujeros para evacuar el agua.

Los pisos de las colmenas se fijarán al piso del remolque en su lugar con clavos o dos tornillos. La colmena se colocará sobre su piso. Pero es importante que los pisos y las cajas estén fijos entre ellos con ganchos.

Durante el transporte, utilice nuestra entrada perforada y nuestra malla como cubierta de la colmena. Si se encuentra en reposo, coloque nuestro techo plano que descarga agua hacia un lado y hacia afuera del remolque. Al final de todos los flujos de néctar el remolque volverá al laboratorio para la extracción de la miel.

73

Pesando la Colmena

Hemos indicado cómo se pueden medir las provisiones de una colmena contando los centímetros cuadrados de celdas con miel. Algunos apicultores han encontrado dificultoso este proceso. Para ellos es que creamos el trípode para pesar. Consiste de un trípode, una bandeja que soporta la colmena, un dinamómetro y una palanca.

INSTRUCCIONES DE USO

Retire el techo y el alza aislante de la colmena.

Tenemos una colmena formada por dos cajas de panales construidos, una de cría y la otra de miel.

Se trata de saber cuánta miel contiene. Coloque el trípode delante de la colmena a una distancia de 5 cm, con el pie no levantado debajo de la colmena. Ponga la bandeja debajo de la colmena, manteniéndose detrás de ella; inserte debajo de la colmena los dos pequeños brazos de la bandeja y empújelos hacia el pie delantero de la colmena; levante los tres alambres de acero que están unidos a los brazos de la bandeja, cuélguelos del dinamómetro, enganche el dinamómetro a la palanca, fije la palanca en el trípode, levante la palanca. El dinamómetro indicará el peso bruto de la colmena.

De este peso bruto, se deben 8 kg de las dos cajas de panales construidos, 2 kg de abejas y cría, 1,5 kg del piso de la colmena, 1,75 kg de los cuatro pies de hierro fundido o 0,75 kg si son de madera; si es necesario, también el peso de la bandeja de hierro del trípode.

Si la colmena no tiene pies, coloque la bandeja de hierro cerca de la colmena. Coloque la colmena sin su piso y actúe como se indicó antes. Sabiendo el peso de miel contenida en la colmena, solo es necesario complementarlo para alcanzar los 12 kg. Será fácil de hacer con nuestro alimentador grande, en una noche o dos a lo sumo.

74

Conclusión

LA COLMENA DEL PUEBLO ES UNA COLMENA RACIONAL

Económica en su construcción, económica en su método, la Colmena del Pueblo es una colmena racional.

En el invierno, las abejas no temen al frío, pero esto a condición de que las provisiones estén por encima del nido.

Durante el invierno, las abejas se agrupan debajo de la miel, con una forma alargada (como una pera grande cuya punta está hacia abajo). En este grupo ocurre un movimiento continuo en alternancia. Las abejas del centro suben a donde están las provisiones y se alimentan con una pequeña cantidad de miel. Calentadas por este consumo de miel, estas abejas bajan por la periferia y calientan a sus hermanas. Estas últimas, a su vez, suben a las provisiones, y así sucesivamente durante el invierno.

Por lo tanto, es importante que la colmena sea lo suficientemente alta para permitir la superposición de las provisiones y el nido de abejas; y no demasiado ancha, para que la bola de abejas no tenga que moverse horizontalmente para encontrar provisiones. Porque a los costados del grupo de abejas no habrá la misma temperatura que en su parte superior.

Lo anterior es un argumento contra los panales bajos y largos, y muestra la superioridad evidente de la Colmena del Pueblo, en la cual dos panales superpuestos tienen un ancho de 30 cm y una altura de 42 cm.

En el invierno, las abejas temen la humedad. Sin embargo, siempre hay mucha humedad dentro de la colmena. Ella surge de la evaporación del agua del néctar y de la respiración de las abejas.

En una colmena grande, esta humedad aparece lejos del racimo de abejas; al estar lejos de esta fuente de calor, esta humedad se enfría, condensa, desciende por las paredes y los panales exteriores de la colmena, tornándolos mohosos, y su acumulación produce un gran perjuiciio en las abejas.

En una colmena de sección pequeña, como lo es la Colmena del Pueblo, esta humedad no está del nido de abejas; por tanto, ni se enfría ni se condensa. Permanece sobre la bola de abejas y finalmente escapa a través del lienzo que cubre los panales de la caja superior, y pasa al alza aislante. Y esto ocurre a voluntad de las abejas, que regulan el escape de esta humedad poniendo más o menos propóleo sobre el lienzo.

Esto por lo tanto es un argumento en contra de las tablas o paños acerados usados frecuentemente para cubrir las colmenas, y en contra de las colmenas anchas como es la Dadant. Es la superioridad de la Colmena del Pueblo, estrecha y cubierta de una tela.

En plena temporada, las abejas deben mantener suficiente calor en la zona de cría (huevos y larvas). Sin embargo, es obvio que pueden mantener este calor más fácilmente en una superficie de sección 30 x 30 cm, que en una de 45 x 45 cm.

Lo anterior no hace sino incrementar la superioridad de una colmena estrecha como la Colmena del Pueblo.

Sin embargo, en plena temporada, las abejas necesitan un espacio amplio y muy variable. Pero podemos darles este espacio de forma generosa y puntual, ya que ampliamos a voluntad desde abajo, sin peligro de enfriamiento.

La Colmena del Pueblo no transformará las piedras en miel; no dará miel sin que pongas tu mano en ella. No. Pero la Colmena del Pueblo le ahorrará muchos gastos, mucho tiempo y unos cuantos kilogramos de miel cada invierno. En una palabra, la Colmena del Pueblo es la colmena práctica y racional; la Colmena del Pueblo te hará feliz y también a tus queridas abejas.

Porque el utilizar la Colmena del Pueblo sin duda proporcionará una morada más placentera y más racional a las encantadoras abejas.

" Estos mensajeros benévolos y perfumados con gérmenes de vida, más alados que el viento, más juiciosos y más seguros, que enmiendan sin cesar la naturaleza inmortal.", "Estas humildes recelosas de un botín que te pertenece, que guardan escrupulosamente, que ellas defienden con riesgo de sacrificarse hasta la muerte, que ellas están lejos de derrochar porque no lo tocan si no es para aumentarlo y salvaguardarlo"

Por lo tanto ve, mi Colmena del Pueblo, recorre todos los jardines de Francia. Ve y da a los pequeños bocados beneficiosos, y da a los grandes salud física y moral. Ve y recuerda a todos la necesidad de trabajar, la dulzura de la unión, la belleza de la dedicación, la prosperidad de las familias numerosas. Ve y llena cada hogar con miel y felicidad. "Mella fluunt tibi" "La miel fluirá"

75

En Resumen

Método Simplificado
Económico
Productivo
Sin Cuadros Ni Cera Estampada
Poco Trabajo

La Colmena del Pueblo se copia en muchos lugares, donde se vende con diferentes nombres: colmena Popular, colmena Warré, colmena del tipo Warré. Algunos, menos delicados, le dan un nombre personal, mientras le hacen propaganda con los dos principios fundamentales de la Colmena del Pueblo: no usar cuadros y no usar cera estampada.

Vi muchas de estas colmenas. En general, no son de un buen trabajo. Muchas han sufrido modificaciones caprichosas que están lejos de ser mejoras.

Entre ellas hay algunos cambios tontos que no permiten la aplicación de nuestro método.

Creación bajo Creative Commons (cc)

.

www.ingramcontent.com/pod-product-compliance
Lightning Source LLC
Chambersburg PA
CBHW082133210326
41599CB00031B/5960